Bibliographische Information der Deutschen Nationalbibliothek
Die Deutsche Nationalbibliothek verzeichnet diese Publikation in der Deutschen Nationalbibliographie; detaillierte bibliographische Daten sind im Internet über http://dnb.d-nb.de abrufbar.

Prof. Dr. Michael Bernecker ist Geschäftsführer des Deutschen Institut für Marketing in Köln und lehrt an der Hochschule Fresenius in den Fachgebieten Marketing und Marktforschung.

Die Deutsche Bibliothek – CIP
Marketing
Grundlagen – Strategien – Instrumente
Prof. Dr. Michael Bernecker
johanna Verlag, Köln
1. Auflage, September 2012

Printed in Germany
ISBN 978-3-9377-6330-9

Michael Bernecker

Marketing

Grundlagen – Strategien – Instrumente

www.Marketing-Buch.com

Vorwort

„Marketing ist tot!" war eine Schlagzeile aus einem Interview mit Kevin Roberts, dem CEO der Werbeagenturgruppe Saatchi & Saatchi. Genau zur gleichen Zeit entstanden die finalen Zeilen für dieses Buch. Zu spät? Natürlich nicht! Marketing ist weiterhin eine der faszinierendsten Facetten des Wirtschaftens. In den Hochschulen wählen viele junge Menschen Marketing als Schwerpunktfach mit dem Ziel, in diesem Bereich ihre berufliche Erfüllung zu finden. Die Wertschöpfungsketten besonders erfolgreicher Unternehmen weisen einen kontinuierlich steigenden Anteil von Marketingaktivitäten auf. Gleichzeitig wird kaum ein anderer Bereich in der Betriebswirtschaftslehre so kontrovers diskutiert wie das Marketing. Unabhängig davon, ob der Schwerpunkt der Aktivitäten auf vertrieblichen Aktivitäten, werberischen Maßnahmen oder der Auseinandersetzung mit den Leistungen eines Unternehmens liegt, ein übergreifendes und strukturiertes Basiswissen ist im Marketing unabdingbar.

Im Zeitalter des Lernens mit Google oder des vielzitierten lebensbegleitenden Lernens ist ein strukturiertes Fundament der Fachkompetenz Marketing die Basis für eine sinnvolle Auseinandersetzung mit den aktuellen Trends wie Neuromarketing, E-Commerce oder Social Media Marketing.

Die Struktur des Buches orientiert sich im Wesentlichen an den weltweit üblichen und nahezu standardisierten Vorgehensweisen in Bachelor- und Masterstudiengängen. Ganz bewusst haben wir den Seitenumfang eingegrenzt, da nach unserer Einschätzung ein 1.000-Seiten- Lehrbuch nicht mehr in die heutige Lehr- und Lernpraxis passt. Die Inhalte haben wir kontinuierlich mit Studierenden, Teilnehmern unserer Unternehmensseminare und unseren vielfältigen Kontakten in der Marketingpraxis reflektiert und bezüglich der Anwendbarkeit geprüft. Sicherlich findet jeder sowohl Inhalte, die er in der eigenen Erfahrungswelt bereits angewendet hat, als auch Inhalte, die dort noch nicht aufgetaucht sind. Sie können das Buch von der ersten bis zur letzten Seite lesen oder einzelne Kapitel durcharbeiten: Sie erhalten garantiert zahlreiche Impulse für Ihren Alltag und die praktische Anwendung im Marketing.

Wer sich über die in diesem Buch dargestellten Inhalte hinaus mit dem Marketingumfeld auseinandersetzen möchte, findet auf der begleitenden Webseite www.Marketing-Buch.com und mit Hilfe der zahlreichen Literaturhinweise weitere Informationen.

Ein Fachbuch ist immer das Werk eines ganzen Teams. Stellvertretend für die vielen Unterstützer und Helfer, möchte ich mich an dieser Stelle besonders beim Team des Deutschen Institut für Marketing bedanken: Frau Dr. Kerstin Weihe, Herrn Jonas Gran (Dipl.-Kfm.) und Herrn Carsten Pohlmann (Dipl.-Kfm.) für die inhaltlichen Impulse und Herrn Jonas Gran, Herrn Sebastian Link (Dipl.-Wirt.Ing. (FH), Dipl.-Ing. (FH)) und Frau Monika Heuer (M.A.) für die Realisierung und Finalisierung der ersten Auflage innerhalb des eng gesteckten Zeitplans. Für alle aufgetretenen und bisher unentdeckten Fehler, Ungenauigkeiten und Interpretationsspielräume trage ich als Autor natürlich die alleinige Verantwortung.

Köln, September 2012
Prof. Dr. Michael Bernecker

Inhaltsverzeichnis

Abbildungsverzeichnis

Marketing

1. Einführung

Das Marketing moderner Unternehmen hat sich in den letzten Jahren deutlich verändert. Einhellige Meinung ist: Marketing wird für erfolgreiche Unternehmen immer wichtiger. Heute existiert in nahezu allen Branchen und Bereichen der Anspruch, das eigene Unternehmen professionell darzustellen und die eigenen Leistungen markt- und kundengerecht zu gestalten.

Aber was genau ist unter dem Begriff „Marketing" zu verstehen? Welche Instrumente des Marketing gibt es? Und noch viel wichtiger: Was kann und sollte ein Unternehmen machen, um erfolgreiches Marketing zu betreiben?

Eine wichtige Feststellung gleich zu Beginn: DAS Marketing gibt es nicht. Vielmehr lassen sich mit den verschiedenen Begriffsauffassungen und Definitionen, die uns die Literatur anbietet, ganze Seiten füllen. Auch bei einem Blick in die Praxis finden sich unzählbar viele verschiedene Erklärungen. In einer aktuellen Umfrage haben wir beispielsweise die folgenden Meinungen identifizieren können:

- „Unter Marketing verstehe ich, wie ich nach außen mit meinem Unternehmen auftrete. Die ganze Werbung und Kommunikationsinstrumente. Wie ich meine Leistungen direkt oder indirekt vermarkte."
- „Wir verstehen unter Marketing Werbung – zum Beispiel Blättchen in irgendwelchen Zeitschriften."
- „Marketing, das sind Sachen, die das Produktportfolio betreffen. Die Distributionspolitik gehört auch dazu. Und dann halt eben die Sachen, die die meisten unter Werbung verstehen: Werbung und Direktmarketing und Verkaufsförderung."
- „Marketing ist der Kontakt zu unseren Kunden. Damit neue Kunden von uns erfahren. Wir müssen uns bekannt machen und wir müssen alte Kunden halten. Dazu brauchen wir den Wiedererkennungseffekt: Kunden müssen sich an uns erinnern."

Die exemplarisch angeführten Aussagen verdeutlichen bereits eine Reihe sehr wichtiger Aspekte des Marketing:

- Marketing ist notwendig, um ein Unternehmen nach außen darzustellen und einen Bekanntheitsgrad aufzubauen.
- Die Marktbearbeitung eines Unternehmens erfolgt über eine Vielzahl von Marketinginstrumenten. In den bisherigen Antworten liegt der Fokus auf der Kommunikationsarbeit eines Unternehmens. Allerdings greift es zu kurz, Marketing nur mit Werbung oder Kommunikationspolitik gleichzusetzen. Darüber hinaus sind die Leistungspolitik (Produktpolitik), die Preispolitik sowie die Distributionspolitik zu nennen, so dass insgesamt vier Instrumente im Marketing-Mix eines Unternehmens zu unterscheiden sind. Alle vier Marketinginstrumente werden im weiteren Verlauf ausführlich thematisiert und anhand zahlreicher Beispiele und Tipps vorgestellt.
- Die Kundenorientierung ist der wichtigste Aspekt im Marketing.

Bevor nun im Folgenden die verschiedenen Aufgaben und Instrumente im Marketing ausführlich beschrieben werden, ist es sinnvoll, zunächst die wichtigsten Grundbegriffe zu klären. Das folgende zweite Kapitel widmet sich dieser Thematik. Die darauf aufbauenden Kapitel drei bis sechs orientieren sich an einem idealtypischen Prozess im Marketingmanagement. Dieser wird in seinen Aufgabenbereichen...

- Marktforschung (Kapitel 3),
- Strategisches Marketing (Kapitel 4),
- Operatives Marketing (Festlegung des Marketing-Mix; Kapitel 5) und
- Marketingcontrolling (Kapitel 6)

ausführlich beschrieben.

2. Grundlagen und Begriffe

In nahezu allen Wirtschaftsbereichen hat sich die Erkenntnis durchgesetzt, dass eine **Ausrichtung der unternehmerischen Tätigkeiten an den Wünschen und Bedürfnissen der Kunden** einen zentralen Erfolgsfaktor darstellt. Diese Sichtweise spiegelt sich oftmals in der Marketingliteratur wider: „Marketing ist eine unternehmerische Denkhaltung. Sie konkretisiert sich in der Analyse, Planung, Umsetzung und Kontrolle sämtlicher interner und externer Unternehmensaktivitäten, die durch eine Ausrichtung der Unternehmensleistungen am Kundennutzen im Sinne einer konsequenten Kundenorientierung darauf abzielen, absatzmarktorientierte Unternehmensziele zu erreichen." (Bruhn 2007)

Die Wirkungen des Marketing sind allerdings nicht nur in der Erzielung eines Kundennutzens zu sehen. Vielmehr sind auch die Aktivitäten gegenüber den Anspruchsgruppen (Stakeholder) mit einzubeziehen, die neben Anbietern und Nachfragern durch die Geschäftstätigkeit betroffen sein können (z.B. Investoren, Unternehmensumwelt, Mitarbeiter).

Eine weiterreichende Interpretation des Begriffes liefert folgende Definition (American Marketing Association 2007):

"Marketing is the activity, set of institutions, and processes for creating, communicating, delivering, and exchanging offerings that have value for customers, clients, partners, and society at large."

Für dieses Marketingverständnis sind folgende Merkmale typisch (vgl. Meffert 2011):

- Bewusste Absatz- und Kundenorientierung aller Unternehmensbereiche **(Philosophieaspekt)**
- Erfassung, Beobachtung und Analyse der Verhaltensmuster aller für das Unternehmen relevanter Umweltschichten **(Verhaltensaspekt)**
- Planmäßige Erforschung des Marktes als Voraussetzung für kundengerechtes Verhalten **(Informationsaspekt)**
- Festlegung marktorientierter Unternehmensziele und langfristiger Verhaltenspläne **(Strategieaspekt)**
- Planmäßige Gestaltung des Marktes durch den zielgerichteten Einsatz aller Marketinginstrumente **(Aktionsaspekt)**

- Anwendung des Prinzips der differenzierten Marktbearbeitung **(Segmentierungsaspekt)**
- Koordination aller marktgerichteten Unternehmensaktivitäten und deren organisatorische Verankerung **(Koordinations- bzw. Organisationsaspekt)**
- Einordnung der Marketingentscheidung in ein größeres soziales System **(Sozialaspekt)**

Die heutige Sicht des Marketing ist das Ergebnis eines Entwicklungsprozesses, der die permanente Weiterentwicklung dieses Konzepts widerspiegelt.

Orientierungs-schwerpunkt	Produktions-orientierung	Verkaufs-orientierung	Markt-orientierung	Wettbewerbs-orientierung	Umfeld-orientierung	Hyperwettbewerb (ab 2000)
Anspruchs-spektrum	Marketing als Vertriebsfunktion	Marketing als Verkaufsfunktion	Marketing als Führungsfunktion	Marketing als Strategisches Management	Marketing als integriertes Führungskonzept	
Zeit	50er Jahre	60er Jahre	70er Jahre	80er Jahre	90er Jahre	

Abbildung 1: Entwicklung des Marketing

Ausgangspunkt in der Marketingdiskussion ist ein Verständnis des Marketing, das auf einem rein distributionsorientierten Ansatz basiert. Danach umfasst Marketing alle Funktionen, die den Fluss von Gütern und Dienstleistungen vom Produzenten zum Kunden betreffen. In der Phase der **Produktionsorientierung** in den 50er Jahren waren die meisten Unternehmen in Verkäufermärkten tätig, da nicht der Absatz den Engpass im Unternehmen darstellte, sondern häufiger die Rohstoffversorgung. Nach diesem Verständnis ist Marketing lediglich eine betriebswirtschaftliche Funktion, die die notwendigen administrativen Tätigkeiten bei der Logistik und Führung abdeckt. Mit wachsendem Güterangebot mussten diese Güter im Handel nun verkauft werden, daher sprach man in den 60er Jahren von einer **Verkaufsorientierung** des Marketing. Dieses Verständnis ist durch eine rein vertriebsbestimmte Funktion des Marketing gekennzeichnet.

Mit steigendem Überangebot an Waren und Dienstleistungen wandelten sich die Verkäufer- in Käufermärkte. In dieser Situation ist eine **Kundenorientierung** unabdingbar, um erfolgreich zu sein. Die 80er Jahre waren durch eine starke **Wettbewerbsorientierung** gekennzeichnet. Bei zunehmend gleichgerichteten Marketingaktivitäten wurde es für die Unternehmen immer schwerer, sich im Wettbewerb durchzusetzen. Daher versuchten die Unternehmen, gezielt Wettbewerbsvorteile gegenüber der Konkurrenz aufzubauen. Mit steigender Komplexität des Umfeldes, in der Marktprozesse ablaufen und steigendem Einfluss von ökologischen, sozialen und technologischen Umweltfaktoren, müssen die Unternehmen ihr Marktverhalten verstärkt auf eine **Umfeld- und Zukunftsorientierung** konzentrieren.

Damit ist die Entwicklung des Marketinggedankens noch nicht abgeschlossen. Es sollte aber nun nachvollziehbar sein, dass Marketing nicht nur auf den reinen Absatz zu beschränken ist. Neuere Entwicklungen wie der informationsökonomische Ansatz, der Transaktionsansatz, das Relationship-Marketing und prozessorientierte Ansätze berücksichtigen dies (vgl. Meffert 2011).

Zurzeit befinden sich die meisten Märkte in einem so genannten Hyperwettbewerb. Dieser ist durch mehrere Faktoren gekennzeichnet, die bei der Marketingimplementierung zu berücksichtigen sind:

- **Globalisierung:** Die Weltwirtschaft wächst kontinuierlich zusammen. Global Sourcing und Global Marketing sind die aktuellen Herausforderungen für die Unternehmen.

- **Beschleunigung:** Marktprozesse laufen immer schneller ab. Waren vor wenigen Jahren noch Marktzyklen von im Schnitt fünf bis acht Jahren üblich, so haben sich mittlerweile viele Märkte zu so genannten SPOT-Märkten gewandelt, auf denen nur noch aktuelle Sonderposten gehandelt werden.

- **Digitalisierung:** Geschäftsprozesse werden digital abgebildet. Internet und Intranet sind mittlerweile Standardanwendungen in vielen Bereichen.

- **Dynamische Wettbewerbsstrukturen:** Bedingt durch strukturelle Veränderungen in vielen gesättigten Märkten brechen häufig branchenfremde Anbieter in Teilsegmente ein und verändern die vorherrschenden Marktspielregeln nachhaltig.

2.1 Marketingmanagement

Neben dem dargestellten Aspekt der Kundenorientierung wird in den vorherigen Definitionen deutlich, dass **Marketing als Prozess** zu verstehen ist, der die Schritte **Analyse, Planung, Organisation, Durchführung und Kontrolle** umfasst. Diese Sichtweise kommt in der folgenden Abbildung zum Ausdruck:

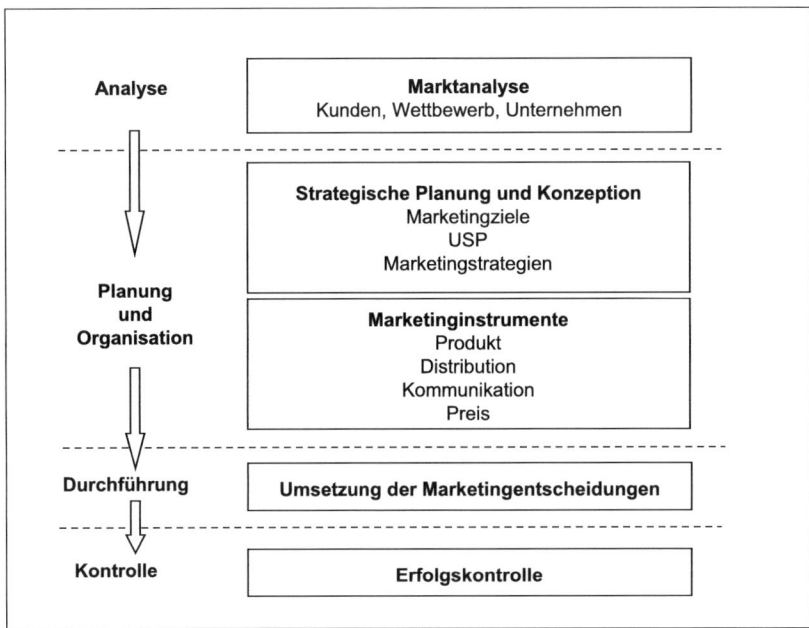

Abbildung 2: Prozess des Marketingmanagements

Ausgehend von der aktuellen Marktsituation wird die **Positionierung** des eigenen Unternehmens (z.B. Preisführer, Qualitätsanbieter) bestimmt. Diese findet ihren Niederschlag in den **Marketingstrategien**, die festlegen, mit welchen Maßnahmen und Aktivitäten das Unternehmen auf dem Markt agieren möchte. Die operative Umsetzung der strategischen Entscheidungen wird dann durch die **Marketinginstrumente** realisiert. Abschließend sollte idealerweise eine **Erfolgskontrolle** stehen, die die realisierten Erfolge analysiert und Verbesserungspotenziale für zukünftige Maßnahmen aufzeigt.

Das Marketingmanagement umfasst die zielgerichtete Gestaltung aller marktgerichteten Unternehmensaktivitäten. Es beschreibt funktional die Aufgaben und Prozesse, die innerhalb und außerhalb des Unternehmens mit dem Marketing verbunden sind. Dabei sind marktbezogene, unternehmensbezogene sowie gesellschafts- und umweltbezogene Aufgaben zusammenzufassen (vgl. Meffert 2011).

Bezogen auf den Markt ergeben sich aus unterschiedlichen Nachfragekonstellationen folgende **Aufgaben**:
- Vorhandene Nachfrage → Bedarf decken
- Fehlende Nachfrage → Bedarf schaffen
- Latente Nachfrage → Bedarf entwickeln
- Stockende Nachfrage → Bedarf beleben
- Schwankende Nachfrage → Bedarf synchronisieren
- Übersteigerte Nachfrage → Bedarf reduzieren

Die **unternehmensbezogenen Aufgaben** ergeben sich aus dem Koordinationsbedarf der einzelnen betrieblichen Funktionen auf die gemeinsamen Unternehmensziele. Es sind Konflikte auszugleichen, marktorientierte Prioritäten festzulegen und die Bereiche und Mitarbeiter zu marktorientiertem Verhalten anzuleiten. Im Rahmen der Umwelt- bzw. Gesellschaftsorientierung des Marketing ist die besondere soziale Verantwortung des Marketing zu berücksichtigen. Marketing muss den Weg von der monoistischen ökonomischen Zielausrichtung zu einer umfassenden Anspruchsgruppenausrichtung vollziehen.

2.2   Formen des Marketing

Die gestiegene Bedeutung des Marketing lässt sich auf die vielfältigen Anwendungserfolge des Konzepts zurückführen. Ausgehend vom Konsumgüterbereich hat sich die Marketingphilosophie auch im Bereich der Investitionsgüter, im Dienstleistungssektor sowie im sozialen Bereich durchgesetzt.

Marketing

Damit können unterschiedliche Ausprägungen bzw. Einsatzbereiche des Marketing unterschieden werden:

- Konsumgütermarketing (Business-to-Consumer)
- Industriegütermarketing (Business-to-Business)
- Dienstleistungsmarketing
- Social Marketing
- Non-Profit-Marketing

Das **Konsumgütermarketing (B-to-C-Marketing)** befasst sich mit Produkten, die direkt für den Endverbraucher bestimmt sind, und richtet sich somit an die Endstufe des Wirtschaftsprozesses, das heißt an private Konsumenten bzw. Haushalte. Zu unterscheiden sind Verbrauchsgüter (einmalige Nutzung – z.B. Schokolade, Bier) und Gebrauchsgüter (mehrmalige, längerfristige Verwendung – z.B. Möbel, Auto, Computer).

In Anlehnung an das Einkaufsverhalten der Konsumenten spricht man von Gütern des täglichen Bedarfs (Convenience Goods – z.B. Waschmittel), Gütern des gehobenen Bedarfs (Shopping Goods – z.B. Kleidung) und Gütern des Spezialbedarfs (Speciality Goods – z.B. hochwertiger Schmuck).

Im Wesentlichen lässt sich das Konsumgütermarketing aber wie folgt charakterisieren:

- Das Marketing richtet sich an große anonyme Massen (Massenmarketing).
- Der Vertrieb ist in aller Regel mehrstufig ausgerichtet: vom Produzenten über den Handel zum Endverbraucher.
- Die Kaufentscheidungen sind überwiegend Individualentscheidungen der Konsumenten.
- Die Marktkontakte sind häufig anonym.
- Aufgrund des großen Angebotes und des begrenzten Platzes im Handel kommt es häufig zu Verdrängungswettbewerben.

Das **Investitionsgüter- oder Industriegütermarketing (B-to-B-Marketing)** befasst sich im weitesten Sinne mit der Vermarktung von Wiedereinsatzfaktoren, die in Industriebetrieben bzw. Organisationen zum Einsatz kommen. Das Industriegütermarketing unterscheidet sich vom Konsumgütermarketing im Wesentlichen dadurch, dass die Nachfrager nicht Endverbraucher sind, sondern dass der Verkauf der Leistungen an privatwirtschaftliche oder öffentliche Organisationen (Industriebetriebe, öffentliche Verwaltungsorganisationen oder staatliche Einrichtungen) erfolgt. Häufig wird daher auch von B-to-B-Marketing gesprochen, um zu verdeutlichen, dass – im Gegensatz zum Bereich der Konsumgüter (B-to-C-Marketing) – Organisationen und nicht Endverbraucher die Abnehmer der angebotenen Produkte und Leistungen sind. Diese Bezeichnung verdeutlicht, dass die Zielgruppe (Organisationen oder Privatpersonen als Nachfrager) und nicht die produktbezogenen Merkmale (technische Eigenschaften, Größe etc.) zur Abgrenzung der beiden Bereiche B2B-Marketing und B2C-Marketing herangezogen werden.

Für das Industriegütermarketing sind die folgenden Merkmale und Besonderheiten kennzeichnend (vgl. Backhaus 2003):

- Der **Bedarf von Organisationen ist derivativ**, d.h. er leitet sich aus der Nachfrage der Kunden der Organisation ab. So beruht beispielsweise die Nachfrage nach Stoff im Textilbereich auf der Nachfrage nach bestimmten Kleidungsstücken. Deshalb ist es für einen Hersteller von Industriegütern wichtig, dass er nicht nur seine direkten, sondern auch seine indirekten Kunden kennt und diese bei seinen Marketingaktivitäten beachtet.

- Die **Kaufprozesse sind häufig kollektive und formalisierte Beschaffungsentscheidungen** (Gruppenentscheidungen). Das Kaufverhalten von Organisationen unterscheidet sich dadurch wesentlich vom Kaufverhalten der Konsumenten. Ein wesentlicher Unterschied im Vergleich zu Privatpersonen besteht darin, dass im Bereich der Industriegüter ein hohes Maß an Professionalität auf der Käuferseite vorhanden ist. Häufig werden die Käufe in Unternehmen von gut ausgebildeten Einkäufern getätigt. Je komplexer die Kaufentscheidung ist, desto wahrscheinlicher ist es, dass mehrere Personen in den Kaufentscheidungsprozess einbezogen werden (Buying-Center).

- Es liegt eine **geringere Zahl** und eine höhere Konzentration **von Bedarfsträgern** vor.

- Es liegt ein **direkter Interaktions- oder Verhandlungsprozess** zwischen den Anbietern (Herstellern) und den Nachfragern (Organisationen) vor.

- Industriegütermarketing ist durch ein **höheres Maß an Internationalität** gekennzeichnet. Häufig zwingt allein die Tatsache der geringen Anzahl an Nachfragern Anbieter von Industrieprodukten dazu, ihre Leistungen global anzubieten und zu vermarkten.

- Die zu vermarktenden **Leistungen** sind häufig stark **erklärungsbedürftig** (beispielsweise eine Fertigungsmaschine) und sehr individuell bzw. kundenspezifisch.
- Die angebotenen Leistungen der Hersteller beschränken sich selten nur auf einzelne Produkte. Häufig werden ganze **Systemlösungen** angeboten, die sich vor allem durch ein intensives Angebot an Serviceleistungen auszeichnen.

Insgesamt unterscheiden sich **Konsumgüter- und Investitionsgütermarketing** somit in zahlreichen Punkten voneinander. Die folgende Übersicht stellt die wichtigsten Merkmale zur Differenzierung dar (vgl. Ramme 2000):

Typische Merkmale (nicht zwingend)	**B-to-C-Marketing**	**B-to-B-Marketing**
Beteiligte am Markt	Zahlreiche anonyme Nachfrager	Wenige, häufig persönlich bekannte Nachfrager
Markttrend	Von Verkäufer- zum Käufermarkt	Verstärkte Marktorientierung statt Produktorientierung
Entscheidungsprozess	Individuelle, gelegentlich Familienprozesse, oft Impulskäufe	Kollektive, formalisierte Entscheidungsprozesse
Determinanten des Kaufverhaltens	Originärer Bedarf, soziokulturelle Einflüsse	Derivativer Bedarf, Buying-Center-Struktur
Leistungspolitik	Homogene Massengüter, in der Regel selbsterklärend	Häufig erklärungsbedürftige, hochwertige und individuell gefertigte Leistungen; oftmals ergänzt um Serviceleistungen

Preispolitik	Meistens feste Preise, im Handel starke Rabattaktionen bei hochwertigen Gütern sowie Leasing und Finanzkauf	Kredite und Zahlungsbedingungen häufig ausschlaggebend; wichtige Faktoren: Zeitpunkt der Zahlung, Währung, Kompensationsgeschäfte
Distributionspolitik (Vertrieb)	Meistens mehrstufig und indirekt unter Einschaltung des Handels	In der Regel direkt, da Lager zu kostspielig, Nachfrager weit gestreut und die Leistungen sehr individuell sind
Kommunikationspolitik	Meistens Massenkommunikation	Individuelle Kommunikationsmittel dominieren: Messen, persönlicher Verkauf, Beziehungsmanagement
Organisation	I.d.R. Produktmanagement oder Category MM.	Häufig Key-Account-Management

Abbildung 3: B-to-C-Marketing vs. B-to-B-Marketing

Neben dem Konsumgüter- sowie dem Industriegütermarketing stellt das Dienstleistungsmarketing die dritte wichtige Spezialform des Marketing dar. **Dienstleistungen** sind selbstständige marktfähige Leistungen, die auf die Bereitstellung (z.B. Versicherung) und/oder den Einsatz von Potenzialfaktoren (z.B. Weiterbildung) ausgerichtet sind. Die Faktorkombination des Dienstanbieters (Einrichtung, Ausrüstung) wird an einem externen Dienstobjekt (Kunde; Objekt des Kunden, z.B. Auto) vollzogen und enthält eine nutzenstiftende Verrichtung (z.B. Taxifahrt, Autoinspektion, Banküberweisung).

Dienstleistungen können über folgende Merkmale charakterisiert werden, die es im Rahmen des Dienstleistungsmarketing zu berücksichtigen gilt (vgl. Meffert; Bruhn 2009):

- Dienstleistungen sind in ihrem Ergebnis vorwiegend **immateriell**, können jedoch materielle Bestandteile enthalten, beispielsweise ein Trägermedium, auf dem das Ergebnis der Dienstleistung übergeben wird.

- Die Leistungen sind **nicht lagerfähig** und nur in Ausnahmefällen transportfähig.
- Die Leistung wird **an einem externen Faktor** (Sache oder Person) **vollzogen**. Aufgrund der Einbeziehung eines externen Faktors in den Prozess der Dienstleistungserstellung hängt auch das Ergebnis dieses Prozesses von dem externen Faktor ab.
- Dienstleistungen sind häufig **individualisierte** und einmalige Leistungen.
- Es handelt sich oftmals um **personalintensive Leistungen**, die schwer zu standardisieren sind.

Der Vollständigkeit halber sollen auch das **Social Marketing** und **Marketing für Non-Profit-Organisationen** an dieser Stelle kurz erwähnt werden. Hierbei findet die Anwendung des Marketing in sozialen und nicht-kommerziellen Einrichtungen und bei öffentlichen Anliegen statt. Marketing für nicht-kommerzielle Einrichtungen ist überwiegend ein Marketing für öffentliche Unternehmen, wie gemeinnützige Vereine (z.B. Greenpeace), Hilfsorganisationen (z.B. UNICEF), Kirchen und Universitäten. Social Marketing geht einen Schritt weiter und ist eine Ausdehnung des Marketingbegriffes auf soziale Anliegen wie zum Beispiel Kampagnen gegen Tabak, Alkohol oder Aids.

Am Ende eines jeden Kapitels finden Sie nun einige **Schlüsselwörter** zum Nachlesen. Schlagen Sie diese Wörter in einem beliebigem Wirtschaftslexikon nach, um so mit dem Umgang mit der Literatur und diesen grundlegenden Begriffen vertraut zu werden.

Zudem finden Sie im Folgenden **Wiederholungsfragen** hinter jedem Kapitel. Diese sollen Ihnen helfen, den zuvor dargestellten Stoff zu erarbeiten. Es handelt sich dabei häufig um Fragestellungen, wie sie auch in Prüfungen gestellt werden.

Weiterhin erhalten sie an dieser Stelle und in den folgenden Kapiteln eine kurze **Literaturübersicht**. Es handelt sich dabei allerdings nicht um eine vollständige Auflistung der relevanten Literatur. Wiederholen Sie in mindestens einer der Quellen den vorgestellten Stoff, um die Literaturarbeit zu trainieren und Ihre Kenntnisse zu vervollständigen.

Schlüsselwörter

Marketingdefinition, Marketingmanagementprozess, Konsumgütermarketing, Industriegütermarketing, Dienstleistungsmarketing, Social Marketing

Aufgaben zur Lernkontrolle

- Was verstehen Sie unter Marketing?
- Erläutern Sie den Marketing-Managementprozess.
- Grenzen Sie die unterschiedlichen Formen des Marketing kurz gegeneinander ab.

Literatur zur Vertiefung

- Backhaus, K. (2009): Industriegütermarketing, 9. Auflage, Vahlen, München
- Becker, J. (1998): Marketing-Konzeption, 6. Auflage, Vahlen, München
- Bruhn, M. (1999): Relationship Marketing. Neustrukturierung der klassischen Marketinginstrumente durch eine Orientierung an Kundenbeziehungen, in: Grünig, R.; Pasquier, M. (Hrsg.): Strategisches Marketing und Management, Festschrift, Bern, S. 197 – 225
- Homburg, C.; Krohmer, H. (2003): Marketingmanagement, 2. Auflage, Gabler, Wiesbaden
- Kotler, P.; Bliemel, F. (2001): Marketing-Management, 10. Auflage, Schäffer-Poeschel, Stuttgart
- Meffert, H. (2011): Marketing, 11. Auflage, Gabler, Wiesbaden
- Meffert, H.; Bruhn, M. (2009): Dienstleistungsmarketing, 6. Auflage, Gabler, Wiesbaden
- Nieschlag, R.; Dichtl, E.; Hörschgen, H. (2002): Marketing, 19. Auflage, Duncker & Humblot, Berlin
- Pepels, A. (2011): Handbuch des Marketing, 6. Auflage, Oldenbourg, München
- Sandhusen, R.L. (2000): Marketing, 4. Auflage, Barron's, New York

3. Marktforschung

Nur wer seinen Markt, seine Kunden und seine Konkurrenz kennt, kann langfristig erfolgreich sein. In einem immer stärker werdenden Verdrängungswettbewerb wird Marktforschung zu einem entscheidenden Erfolgsfaktor. Die besondere Relevanz, die der Marktforschung als Marketing- und Managementaufgabe zukommt, ist in den meisten Unternehmen längst bekannt. Trotzdem nutzen die Mitarbeiter viel zu selten Markt- und Kundeninformationen in ihren strategischen sowie taktischen Entscheidungen und Maßnahmen. Die Gründe liegen vielfach darin, dass Marktforschung als „Wissenschaft" angesehen wird und häufig die Kenntnisse für eine praktische Umsetzung von Marktforschungsprojekten fehlen.

Was ist eigentlich Marktforschung? Bevor auf den folgenden Seiten die wichtigsten Aufgaben, Methoden und Instrumente der Marktforschung beschrieben werden, wollen wir zunächst einmal klären, was unter dem Begriff der Marktforschung überhaupt zu verstehen ist und welche Funktionen die Marktforschung im unternehmerischen Alltag erfüllt.
Folgende Definition aus der Literatur erscheint hierzu zweckmäßig:
„Marktforschung ist die systematische Sammlung, Aufbereitung, Analyse und Interpretation von Daten über Marktgegebenheiten, die in bestimmten Marktsituationen vom Unternehmen benötigt werden." (vgl. Hermann, Homburg, Klarmann 2008, S.5)
Nach dieser Definition zeichnet sich Marktforschung somit durch die folgenden **Merkmale** aus:

- Durch ihre **systematische Vorgehensweise** unterscheidet sich die Marktforschung von der unsystematischen Marktentdeckung, die nur ein zufälliges und gelegentliches Abtasten von Märkten umfasst.

- **Ausrichtung am Zweck** der Marktforschung, welcher darin besteht, unternehmerische Entscheidungen durch eine Bereitstellung relevanter Informationen zu unterstützen und zu fundieren. Ziel ist es, möglichst umfassende, relevante und aktuelle marktbezogene Informationen zu erhalten, die als Entscheidungsgrundlage für die Definition von Zielen sowie die Initiierung von (Marketing-)Aktivitäten dienen.

- Marktforschung zeichnet sich durch einen **geplanten Untersuchungs-prozess** aus, der ausgehend von der Definition des Marktforschungsproblems über die Erstellung eines Studiendesigns bis hin zur zielgruppengerechten Dokumentation und Präsentation der Ergebnisse ein systematisches Vorgehen vorsieht.

- Marktforschung ist immer **auf ein bestimmtes Untersuchungsobjekt ausgerichtet.** Man unterscheidet hier zwischen objektiven und subjektiven Untersuchungsgegenständen. Die objektiven Sachverhalte von Märkten (z.B. Umsatzzahlen, Distributionsgrad, Marktanteil) erfasst die ökoskopische Marktforschung. Es handelt sich hierbei um Größen, die losgelöst vom individuellen Denken und Handeln der Marktteilnehmer erfasst werden. Demgegenüber stehen die subjektiven Sachverhalte von Märkten im Mittelpunkt der demoskopischen Marktforschung. Untersucht werden hier beispielsweise die Einstellungen von Abnehmern gegenüber einem bestimmten Produkt oder die Kundenzufriedenheit. Auch sozio-ökonomische Daten der Kunden, wie beispielsweise Geschlecht, Alter oder Familienstand zählen klassischer Weise zu den Untersuchungsthemen der demoskopischen Marktforschung. Das gemeinsame Merkmal dieser Untersuchungsgegenstände besteht darin, dass es sich hierbei um Größen handelt, die untrennbar mit den Marktteilnehmern verbunden sind.

Insgesamt kommt der Marktforschung für das Marketing eines Unternehmens eine zentrale Bedeutung zu und sie bildet die Grundlage aller Aktivitäten in diesem Aufgabenkreis. Ziel ist es, durch eine kontinuierliche Sammlung und Analyse die für eine strategische und/oder operative Entscheidung notwendigen Informationen zur Verfügung zu stellen.

Konkret ist die Marktforschung auf die folgenden Aufgaben und Funktionen ausgerichtet (vgl. Bruhn 2007, S.88):

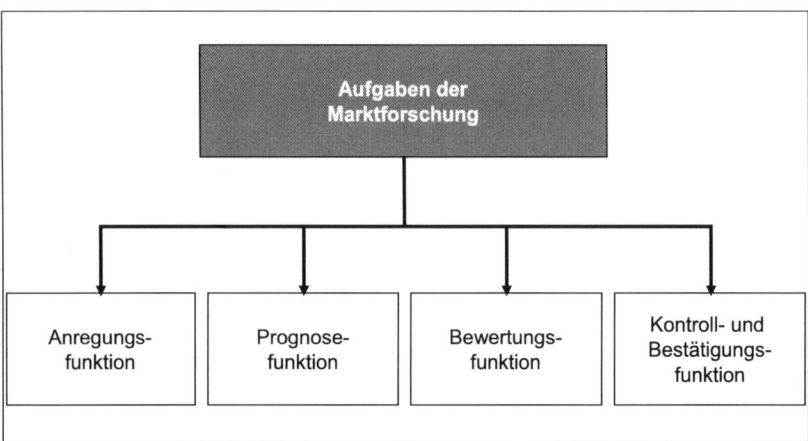

Abbildung 4: Aufgaben der Marktforschung

- **Anregungsfunktion:** Marktforschung hat die Aufgabe, Impulse und Hinweise zu liefern, um neue Maßnahmen zu initiieren und (Marketing-) Entscheidungen zu treffen. Ein Unternehmen sollte die Anregungsfunktion der Marktforschung (synonym ist auch der Begriff der **Innovationsfunktion** sehr treffend) unbedingt nutzen, um aufkommende Trends möglichst frühzeitig zu entdecken und so das Angebot neuer Leistungen oder Service-Komponenten anzuregen.
  Praxis-Beispiel: Das Verlagshaus „Lesen macht Spaß" versucht regelmäßig, durch die Analyse der aktuellen Marktforschungsergebnisse, Trends zu identifizieren und schnell darauf zu reagieren. Die aktuellen Trends „Wellness" und „Selfness" lassen sich sehr gut durch die Zeitschrift „Body and Fit" unterstützen.

- **Prognosefunktion:** Die Marktforschung muss Veränderungen in den Bereichen Markt, Kunde, Konkurrenz und Umfeld prognostizieren sowie deren Auswirkungen aufzeigen. In diesem Sinn kann Marktforschung auch als Frühwarnung verstanden und eingesetzt werden. Es gilt, Chancen zu erkennen und Risiken im Unternehmensumfeld rechtzeitig wahrzunehmen, um durch geeignete Maßnahmen darauf reagieren zu können.

Praxis-Beispiel: Durch die Marktforschung gelang es dem Verlagshaus frühzeitig die Veränderung des Marktes von reinen „Klatsch-Zeitschriften" zu hochwertigen „Wellness-Zeitschriften" zu identifizieren. Somit konnte die Verlagsleitung reagieren und hat sich als einer der Ersten mit der Zeitschrift „Body and Fit" in diesem Segment positioniert.

- **Bewertungsfunktion:** Marktforschung soll eine unterstützende Funktion bei der Bewertung und Auswahl von Entscheidungsalternativen übernehmen.

  Praxis-Beispiel: Nachdem die Entscheidung gefallen war, eine Zeitschrift im Bereich Wellness herauszubringen, mussten zunächst Ideen für die konkrete Umsetzung dieser neuen Publikation gesammelt werden. Konkrete Entscheidungen für oder gegen die verschiedenen Alternativen sollten dabei nicht aus dem Bauch heraus gefällt werden, sondern mit Hilfe von ausgewählten Marktforschungsinstrumenten getroffen werden. Hierzu entschied sich das Verlagshaus einen Konzepttest in Form einer Kundenbefragung durchzuführen.

- **Kontroll- und Bestätigungsfunktion:** Die Marktforschung soll die entscheidenden Informationen über die Erfolge sowie Ursachen über mögliche Misserfolge von Marketingmaßnahmen und -entscheidungen bereit stellen. Im Streben um eine kontinuierliche Verbesserung lassen sich aus diesen Informationen auch Ansatzpunkte zur Optimierung ableiten.

  Praxis-Beispiel: Durch regelmäßig durchgeführte Kundenzufriedenheitsmessungen liegen dem Verlag kontinuierliche Informationen über Zufriedenheit und Kritik der Kunden vor. Diese liefern Indizien für sich abzeichnende Kundenprobleme. Auf Grundlage der so gewonnenen Erkenntnisse ist das Unternehmen nun in der Lage, auf diese Schwierigkeiten zu reagieren.

Die angeführten Beispiele lassen vor allem **zwei wichtige Eigenschaften** der Marktforschung erkennen:

- Zum einen wird deutlich, dass die Kernfunktionen der Marktforschung im Zusammenhang mit marketingrelevanten Aufgaben eines Unternehmens stehen. Im Rahmen des Marketing sind zahlreiche Entscheidungen sowohl auf strategischer als auch auf taktisch-operativer Ebene zu treffen, die durch entscheidungsrelevante Informationen unterstützt werden sollen. Aus diesem Grund wird die Marktforschung häufig auch als eigenständiger Teilbereich im Planungs- und Entscheidungsprozess des Marketing eingeordnet. Ziel ist es, durch eine kontinuierliche Sammlung und Analyse die für eine strategische und/oder operative Maßnahme und Entscheidung notwendigen Informationen zur Verfügung zu stellen. Dabei hat die Marktforschung die gesamten externen (z.B. Markt, Kunden, Wettbewerber) sowie internen (z.B. Ressourcen, technische Voraussetzungen) Informationsprobleme zum Gegenstand, die zur Gestaltung der Marktbeziehungen eines Unternehmens zu lösen sind.

- Zum anderen wird durch die Beispiele auch das umfassende und komplexe Aufgabenspektrum der Marktforschung selbst deutlich. Um diesen Anforderungen gerecht zu werden, ist ein systematisches Vorgehen in der Informationsbeschaffung und Auswertung der benötigten Informationen erforderlich. Die folgende Abbildung zeigt einen systematischen Prozess der Marktforschung. Aufgrund der Benennung der einzelnen Prozessstufen hat sich die Bezeichnung „**Die fünf D's der Marktforschung**" etabliert (vgl. Bernecker; Weihe 2011).

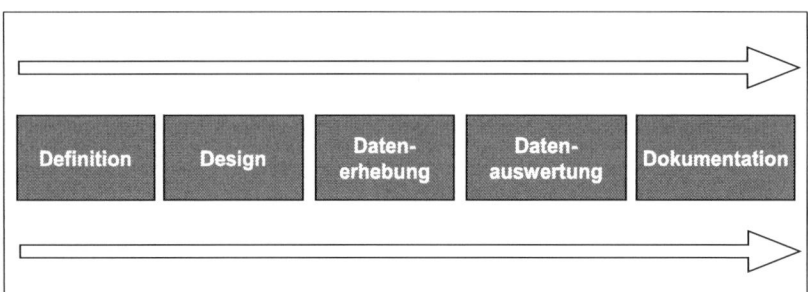

Abbildung 5: Prozess der Marktforschung

Der Marktforschungsprozess kann also in fünf Hauptphasen unterteilt werden, wobei die einzelnen Schritte bei der Bearbeitung eines Marktforschungsprojektes nacheinander und systematisch abgearbeitet werden sollten.

- **Definition:** Ausgangspunkt der Marktforschung ist die Festlegung, welche Daten überhaupt benötigt werden. In der ersten Phase (Definition) geht es deshalb darum, das Marktforschungsproblem möglichst genau zu formulieren. Hieraus werden möglichst operationale Forschungsfragen abgeleitet. Nur auf Grundlage einer exakten Definition der erforderlichen Inhalte lassen sich in den anschließenden Phasen die relevanten Informationen effizient sammeln und auswerten.

- **Design:** Im Rahmen der Designphase sind darauf aufbauend Entscheidungen über die grundsätzliche Art und Weise der Informationsbeschaffung zu treffen. Vor allem gilt es, die Quellen und Methoden der Datensammlung auf Basis der vorab definierten Forschungsfragen festzulegen. Zudem sind die Untersuchungsteilnehmer/ Auskunftspersonen festzulegen, wobei es hierbei vor allem darum geht, eine geeignete Methode der Stichprobenziehung sowie die gewünschte Stichprobengröße zu bestimmen.

- **Datenerhebung:** Im Rahmen der Datenerhebung werden die Erhebungsinstrumente eingesetzt. Die verschiedenen Methoden der Datengewinnung liefern eine große Anzahl von Einzelinformationen.

- **Datenauswertung:** In der Phase der Datenauswertung erfolgt die Ordnung, Analyse und Interpretation der Daten, um auf dieser Basis Marketingentscheidungen sinnvoll unterstützen zu können.

- **Dokumentation:** Den letzten Schritt in der Marktforschung bildet die Dokumentation der Ergebnisse. Neben einer Darstellung in Form von Ergebnisberichten und Präsentationen ist es für die praktische Arbeit und die Anwendung der gewonnenen Erkenntnisse besonders wichtig, die Daten in die entsprechenden Datenbanken des Unternehmens (z.B. Kundendatei/ Lieferantenverzeichnisse) einzupflegen.

Jede Marktforschungsstudie lässt sich – unabhängig vom vorliegenden Untersuchungsgegenstand – als ein Prozess kennzeichnen, der aus einer idealtypischen Abfolge der aufgezeigten fünf Phasen besteht. Alle Einzelschritte müssen sorgfältig geplant werden, da Fehler, insbesondere in den frühen Phasen der Untersuchung, zwangsläufig zu quantitativen und/oder qualitativen Beeinträchtigungen der Endergebnisse führen. In den weiteren Kapiteln werden deshalb anhand der aufgezeigten Struktur eines Marktforschungsprozesses die wichtigsten Aufgaben dieser fünf Phasen detailliert beschrieben und durch wichtige Checklisten und Tools ergänzt, die Sie bei der Realisierung Ihres eigenen Marktforschungsprojektes unterstützen.

Zuvor soll der Prozess der Marktforschung in seiner Struktur sowie in seinen wesentlichen Aufgaben durch das folgende **Beispiel** verdeutlicht werden:

Das Verlagshaus „Lesen macht Spaß" hat festgestellt, dass die Anzahl an Abonnenten ihrer Zeitschrift „Body and Fit" im abgelaufenen Geschäftsjahr deutlich rückläufig war. Die Marketingabteilung der Zeitschrift überlegt nun zusammen mit den verantwortlichen Redakteuren, ob sie die Inhalte der Zeitschrift modifizieren (z.B. durch die Aufnahme neuer Themen und Rubriken), die Preise für ein Jahres-Abo senken und/oder einen optischen Relaunch der Zeitschrift (neues Layout und Design) durchführen sollen **(Marketingentscheidungsproblem)**. Allerdings wollen die zuständigen Mitarbeiter diese Entscheidungen nicht nur aufgrund ihrer (subjektiven) Meinung treffen. Vielmehr halten Sie es für wichtig, die Zufriedenheit und die Meinung ihrer Leser zu analysieren und diese Ergebnisse in die weitere Planung einfließen zu lassen **(Definition des Marktforschungsproblems)**.

Hieraus lassen sich unter anderem die folgenden Fragestellungen ableiten **(Definition von Forschungsfragen)**:

- Wie zufrieden sind die aktuellen Kunden/ Abonnenten mit der Zeitschrift insgesamt?
- Wie beurteilen Sie die inhaltliche Aufmachung, das Layout und den Preis der Zeitschrift und welchen Einfluss haben diese Urteile auf ihre Gesamtzufriedenheit?
- Welche zusätzlichen Inhalte wünschen sich die Leser?

Zur Beantwortung dieser Fragestellung soll eine **Kundenzufriedenheitsanalyse** durchgeführt werden, wobei sich die Geschäftsführung entschließt diese Studie in Zusammenarbeit mit einem externen Marktforschungsinstitut zu realisieren. Dieses schlägt eine schriftliche Befragung aller Abonnenten vor **(Design des Marktforschungsprojektes)**.

Hierzu wird ein Fragebogen entworfen, der über das unternehmenseigene CRM-System an alle Abonnenten versandt wird. Um die Rücklaufquote zu erhöhen, erhalten diese über das beiliegende Anschreiben, in dem auch die Zielsetzungen und der Ablauf der Studie erklärt werden, die Information und Motivation, dass unter allen Antworten eine Reise in ein Wellness-Hotel sowie diverse kleine Preise verlost werden **(Datenerhebung)**.

Alle Antwort-Fragebögen werden durch das Marktforschungsinstitut zunächst mit Hilfe einer Statistik-Software erfasst. Anschließend werden die gewonnenen Daten so ausgewertet, dass die Merkmale (Inhalte, Layout,

Preis) aufgedeckt werden, die Einfluss auf die Gesamtzufriedenheit der Leser haben **(Datenauswertung)**.

Die Darstellung der Ergebnisse erfolgt zum einen durch eine mündliche Präsentation der wichtigsten Erkenntnisse der Studie vor den Marketingverantwortlichen, den Redakteuren sowie der Geschäftsführung. Zudem erhalten alle verantwortlichen Mitarbeiter einen schriftlichen Ergebnisbericht **(Dokumentation)**.

Aufgaben zur Lernkontrolle

- Durch welche Merkmale zeichnet sich die Marktforschung aus?
- Erläutern Sie kurz anhand eines Beispiels die Funktionen der Marktforschung.
- Beschreiben Sie kurz den Marktforschungsprozess.

Literatur zur Vertiefung

- Bernecker, M.; Weihe, K. (2011): Kursbaustein Marktforschung, 1. Auflage, Cornelsen, Berlin
- Herrmann, A.; Homburg, C.; Klarmann, M. (2008): Marktforschung: Ziele, Vorgehensweise und Nutzung, in: Herrmann, A.; Homburg, C.; Klarmann, M. (Hrsg.): Handbuch Marktforschung, 3. Auflage, Gabler, Wiesbaden, S.3-19
- Kamenz, U. (2001): Marktforschung: Einführung mit Fallbeispielen, Aufgaben und Lösungen, 2. Aufl., Schäffer-Poeschel, Stuttgart

3.1 Definition des Marktforschungsproblems

Ausgangspunkt eines Marktforschungsprojektes ist grundsätzlich die Definition eines Marktforschungsproblems. Dabei kann der Anstoß für eine Studie oder eine Untersuchung grundsätzlich von ganz verschiedenen Seiten kommen. So stellt häufig ein **konkretes Marketingproblem** die ausschlaggebende Initiative für ein Marktforschungsprojekt dar. In dem zuvor angeführten Beispiel war die Feststellung über den deutlichen Rückgang in den Abonnentenzahlen die aktuelle Herausforderung, die das Unternehmen veranlasst hat, eine Marktforschungsstudie zu konzipieren und in Auftrag zu geben.
Ähnlich dem zuvor geschilderten Beispiel verursachen auch eine **Erschließung neuer Märkte**, die **Entwicklung eines neuen Produktes** oder ein **steigender Wettbewerbsdruck** einen entsprechenden Informationsbedarf, der durch die Marktforschung gedeckt werden sollte.

Marktforschung findet darüber hinaus auch in der **strategischen Unternehmensplanung** Anwendung, um relevante und abgesicherte Informationen zu liefern.
Dabei kommt es in einem ersten Schritt vor allem darauf an, die Ausgangssituation zu konkretisieren und das Marketingproblem genauer einzugrenzen. Eine solche exakte Beschreibung der Ausgangssituation ist von großer Bedeutung, da eine unpräzise Definition dazu führen könnte, dass an der grundlegenden Fragestellung „vorbeigeforscht" würde und die kompletten gesammelten und aufbereiteten Informationen nicht bzw. nur bedingt zur Lösung des eigentlichen Forschungsgegenstandes beitragen können.
Die Notwendigkeit einer möglichst präzisen Darstellung der Ausgangssituation ergibt sich insbesondere aufgrund der Herausforderung, dass Marketingmaßnahmen und -wirkungen meist durch eine Vielzahl verschiedener Faktoren beeinflusst werden.
Die erste grundlegende Aufgabe der Marktforschung besteht somit darin, aus der prinzipiell unüberschaubaren Fülle externer Elemente, die relevanten Einflussfaktoren zu identifizieren.

Als sinnvolle Strukturierung bietet es sich an, zwischen einer **generellen und globalen Umwelt** (synonym wird meist der Begriff der Makroumwelt) sowie einer **Aufgabenumwelt** (synonym: Mikroumwelt) zu unterscheiden. Diese beiden Informationsbereiche der Umweltanalyse lassen sich durch folgende Charakterisierung voneinander abgrenzen:

- Als **Makroumwelt** gelten alle unternehmensexternen Faktoren, auf die das einzelne Unternehmen keinen direkten Einfluss nehmen kann (z.B. gesamtwirtschaftliche Entwicklung, Wertewandel, Klima etc.). Dennoch sind sie für das unternehmerische Handeln relevant und stellen insofern einen wichtigen Analysegegenstand dar. Speziell die Marktforschung auf der Makroebene liefert die informatorische Basis für Marketingstrategien und für die strategische Früherkennung.

- Die **Mikroumwelt** (Aufgabenumwelt eines Unternehmens) kann anhand der Marktteilnehmer des jeweiligen Marktes sowie der vor- und der nachgelagerten Märkte strukturiert werden. Als Angrenzung zur Makroumwelt stehen die Marktteilnehmer, die der Mikroumwelt zugeordnet werden, in einer direkten Geschäftsbeziehung mit dem jeweils relevanten Unternehmen. Im Mittelpunkt dieses Bereichs der Analyse stehen somit die **Kunden** eines Unternehmens sowie die **Konkurrenz**, die **Händler** und **Lieferanten**, mit denen ein Unternehmen geschäftliche Beziehungen unterhält.

In einem nächsten Schritt gilt es dann, die von den Entscheidungsträgern formulierte Ausgangslage und die relevanten Einflussfaktoren in ein **Marktforschungsproblem** zu transformieren. Das Forschungsproblem legt die Richtung und den genauen Inhalt des anstehenden Marktforschungsprojektes fest. Dabei müssen auch die zur Lösung des Problems benötigten Informationen identifiziert werden.

Auch hier gilt: **Je genauer und greifbarer die inhaltlichen Ziele eines Marktforschungsprojektes definiert werden, desto besser.**

Konkret bedeutet dies, dass aus der zunächst allgemein formulierten Problemstellung **möglichst präzise und operationale Forschungsfragen** abgeleitet werden müssen, auf die am Ende des Marktforschungsprojektes fundierte Antworten gegeben werden sollen.

Nur wenn die Forschungsfragen in Art, Inhalt und Umfang konkretisiert sind, ist es möglich geeignete Marktforschungsmethoden für eine Untersuchung zu bestimmen und die Untersuchungsanlage festzulegen.

Praxistipp: Daher sollten insbesondere an dieser Stelle Marketingverantwortliche und Mitarbeiter der Marktforschung eng zusammenarbeiten, um das vorliegende Problem abzugrenzen und den konkreten Informationsbedarf festzustellen.

Greifen wir erneut das zuvor geschilderte Beispiel auf, um auch diesen wichtigen Schritt in der Definitionsphase eines Marktforschungsprozesses zu verdeutlichen:

Die **rückläufigen Abonnenten-Zahlen** wurden für das Verlagshaus als Ausgangslage und aktuelle Herausforderung identifiziert.

Die Übersetzung dieser Ausgangslage als Problemstellung für die Marktforschung führt zur **Analyse der Kundenzufriedenheit** mit der Zielsetzung, die **wichtigsten Einflussfaktoren** für die Zufriedenheit/ Unzufriedenheit der Leser zu **identifizieren**.

Konkret sollen die folgenden Fragestellungen durch die geplante Studie beantwortet werden:

- Wie zufrieden sind unsere Leser mit der Zeitschrift insgesamt?
- Wie werden einzelne inhaltliche und formale Aspekte der Zeitschrift beurteilt?
- Welche Komponenten haben Einfluss auf die Gesamtzufriedenheit?
- Welche Verbesserungsvorschläge können identifiziert werden?

Die dargestellte Vorgehensweise stellt gewissermaßen einen Idealfall dar. Leider sieht die Marktforschungspraxis häufig etwas anders aus. Vor allem ist vielfach zu beobachten, dass Marktforschungsprojekte bildlich gesprochen **mit zusätzlichen Fragestellungen „überfrachtet"** werden. Getreu dem Motto „Wenn wir schon einmal eine Marktforschungsstudie in Auftrag geben, dann könnten wir doch auch noch Dies und Das und Jenes mit abfragen..." neigen viele Entscheidungsträger dazu, auf einmal möglichst viele verschiedene Informationsbereiche abdecken zu wollen.

Allerdings ist ein solches Vorgehen alles andere als vorteilhaft. Denn auch wenn die Untersuchung dieser zusätzlichen Fragestellungen ebenfalls interessant wäre, überfrachten sie das eigentliche Marktforschungsprojekt und nehmen so den Raum, um die Kernfragestellungen fundiert und sinnvoll zu beantworten. Aus diesem Grund ist eine **Fokussierung auf das tatsächliche Forschungsziel** dringend zu empfehlen.

Neben einer inhaltlichen Planung, die mit einer Festlegung der konkreten Forschungsfragen abgeschlossen ist, ist es in der Definitionsphase zudem notwendig, auch eine zeitliche sowie eine finanzielle Planung vorzunehmen. **Praxistipp:** Dabei stehen die zeitliche sowie die finanzielle Planung in enger Verbindung zur Definition der Forschungsziele und -fragen. So können oftmals aufgrund eines sehr engen Zeitrahmens oder vorgegebener Budgetrestriktionen nur Teilbereiche einer Problemstellung detailliert untersucht werden. Aus diesem Grund ist es notwendig, eine entsprechende **Priorisierung der eigenen Zielsetzungen** vorzunehmen.

Gleichzeitig ist die Festlegung eines zeitlichen und/oder finanziellen Rahmens unmittelbar mit der Entscheidung über den **Träger der Marktforschung** verknüpft. Damit ist gemeint, dass unternehmensseitig zu entscheiden ist, wer für die Organisation und Durchführung des geplanten Marktforschungsprojektes verantwortlich ist.
Grundsätzlich gibt es zwei Möglichkeiten zur Durchführung von Marktforschung (vgl. Bernecker, Weihe 2011): Eigenmarktforschung und Fremdmarktforschung.
Träger der Marktforschung sind somit zum einen Stellen bzw. Abteilungen im eigenen Unternehmen **(Eigenmarktforschung)**, zum anderen spezialisierte externe Dienstleister, wie Marktforschungsinstitute, Unternehmensberatungen oder Informationsbroker **(Fremdmarktforschung)**, wobei diese beiden Formen in der Unternehmenspraxis sehr häufig in kombinierter Form zum Einsatz kommen.
Im Folgenden werden beide Möglichkeiten kurz charakterisiert und sollen einander anschließend durch ihre spezifischen Vor- und Nachteile gegenüber gestellt werden.

3.1.1 Eigenmarktforschung

Die Eigenmarktforschung, synonym wird häufig auch von betrieblicher Marktforschung gesprochen, beinhaltet Marktforschungsaktivitäten, welche **im Unternehmen selbst realisiert** werden. Meist werden die anstehenden Projekte dann durch die eigene Marktforschungsabteilung des Unternehmens oder durch hauptamtlich mit Marktforschungsaufgaben beauftragte Mitarbeiter realisiert.

Verfügt ein Unternehmen über eine **eigene Marktforschungsabteilung**, so ist in diesem Zusammenhang die Frage zu klären, wie eine solche institutionalisierte Marktforschungseinheit in die Organisationsstruktur des Unternehmens einzugliedern ist.

Dabei findet sich in der Unternehmenspraxis die Einrichtung einer **Stabstelle** als häufigste Möglichkeit, vor allem wenn der Umfang der Marktforschungstätigkeiten eher gering ist. Unterstützt diese Stabstelle dann primär die Marketingabteilung, so wird sie in der Regel dieser oder einer niedrigeren hierarchischen Ebene (v.a. dem Produktmanagement) zugeordnet (vgl. Fantabié Altobelli 2007, S.9-10).

Fallen hingegen umfangreichere, laufende und selbst durchzuführende Marktforschungsaufgaben an, so ist es sinnvoll eine **selbständige Marktforschungsabteilung** im Marketingbereich der Unternehmung einzurichten.

Insbesondere in Großunternehmen kann es alternativ sinnvoll sein, die umfangreichen Aufgaben der Datenbeschaffung und -analyse für alle Unternehmensbereiche in einem **zentralen Informationsbereich** zusammenzufassen, wobei die Marktforschung bei einer solchen funktionalen Organisationsform diesem Bereich als selbständige Abteilung untergeordnet wird (vgl. Scharf, Schubert 1997, S.335).

Unabhängig von der konkreten Organisationsform erledigen die meisten Unternehmen ihre Marktforschungsaufgaben dabei jedoch **nicht ausschließlich unternehmensintern**. Vielmehr erfolgt häufig eine (zeit- und budgetbedingte) Aufteilung zwischen Eigen- und Fremdforschung.

Insgesamt sind dabei für den Bereich der Eigenmarktforschung einige spezifische **Vor- und Nachteile** zu berücksichtigen, die in der folgenden Abbildung stichpunktartig zusammengefasst sind:

Vorteile	Nachteile
▪ Größere Vertrautheit mit der Ausgangslage und der Problemstellung. ▪ Stärkere Kontrolle und Koordination der Marktforschungsaktivitäten. ▪ Nutzung interner Informationen der Entscheidungsträger des Unternehmens. ▪ Schnellere Reaktionen. ▪ I.d.R. bessere Branchenkenntnis. ▪ Kommunikationsvorteile.	▪ Gefahr mangelnder Objektivität. ▪ Vergleichsweise geringe Methodenkenntnis. ▪ Hohe Fixkosten. ▪ Betriebsblindheit. ▪ I.d.R. keine Benchmarkdaten. ▪ Selbsterfüllende Prophezeiungen.

Abbildung 6: Kritische Beurteilung der Eigenmarktforschung

3.1.2 Fremdmarktforschung

Vor allem die oben angeführten Nachteile, zeitliche und personelle Engpässe sowie fehlendes (methodisches) Know-how führen dazu, dass Unternehmen zumindest einen Teil der erforderlichen Marktforschungsaufgaben an externe Stellen abgeben.

In Deutschland existieren zurzeit ca. **200 kommerziell betriebene Marktforschungsinstitute**, die sich hinsichtlich ihrer Größe und ihres Dienstleistungsangebots erheblich unterscheiden. Neben großen Full-Service-Agenturen, die alle gängigen Marktforschungsstudien ohne wesentliche Fremdhilfe von der Konzeption bis zur Präsentation der Ergebnisse durchführen, besteht der größte Teil dieser Agenturen jedoch aus kleinen Instituten, die sich meist auf bestimmte Methodiken (z.B. Werbeforschung, Marktforschung am Point of Sale) und/oder Branchen spezialisiert haben (vgl. Fantabié Altobelli 2007, S.14).

Praxistipp: Einen Gesamtüberblick über die verschiedenen externen Dienstleister und Institute bietet das Handbuch der Marktforschungsunternehmen, welches vom Berufsverband Deutscher Markt- und Sozialforscher (BVM) jährlich herausgegeben wird.

Hat sich ein Unternehmen für die Beauftragung eines Marktforschungsinstituts entschieden, gilt es, eine **qualifizierte Auswahl** zu treffen. Für die Beurteilung und anschließende Auswahl eines geeigneten Anbieters können sich die folgenden **Kriterien** als hilfreich erweisen (vgl. Pepels 1995, S.149):

- Erfahrungen und Spezialisierung in bestimmten Bereichen (relevante Märkte und Branchen, besondere Methoden und Erhebungsverfahren)
- Personelle und sachliche Ausstattung des Marktforschungsinstituts
- Referenzen
- Mitgliedschaft in relevanten Fachverbänden (Mitgliedschaft setzt die Erfüllung gewisser Qualitätsanforderungen voraus): Bundesverband Deutscher Markt- und Sozialforscher (BVM), Arbeitskreis Deutscher Markt und Sozialforschungsinstitute e.V. (ADM)
- Möglichkeit des Konkurrenzausschlusses
- Empfehlungen anderer Unternehmen oder eigene Erfahrungen aus der Vergangenheit
- Preise bzw. Preis-Leistungs-Verhältnis
- Reporting und laufende Kontrollmöglichkeiten seitens des Auftraggebers (Budget, Meilensteine, Zwischenergebnisse)
- Räumliche Nähe
- Weiche Kriterien wie Sympathie, Verständnis etc.

Nachdem die Wahl für ein bestimmtes Marktforschungsunternehmen gefallen ist, gilt es, in einem nächsten Schritt, ein **möglichst genaues Briefing** zu erarbeiten. Dabei sollten vor allem die folgenden Punkte genau beschrieben und verbindlich geregelt werden:

- Ausführliche und präzise Beschreibung des Marktforschungsproblems und der sich daraus ergebenden Forschungsfragen (Definitionsphase)
- Untersuchungsgegenstand
- Untersuchungseinheiten (Probanden/ Test- und Auskunftspersonen bzw. Testmärkte oder Testgeschäfte)
- Abstimmung des Untersuchungsdesigns (Erhebungsform, Stichprobengröße etc.)
- Terminplanung
- Grobe Kostenkalkulation mit Aufgliederung der wichtigsten Positionen (Vorarbeiten, Designentwicklung, Pretest, Datenerhebung/ Feldarbeit, Datenanalyse, Dokumentation)

- Leistungen und Dokumente, die der Auftraggeber beisteuert (z.B. Adressdateien, Untersuchungsgegenstände, wie beispielsweise ein Konzept, das es zu beurteilen und zu überprüfen gilt)
- Formen der Berichterstattung
- Kontaktpersonen (sowohl im Marktforschungsinstitut als auch beim Auftraggeber)

Schlüsselwörter

Mikroumwelt, Makroumwelt, Eigenmarktforschung, Fremdmarktforschung, Briefing

Aufgaben zur Lernkontrolle

- Erläutern Sie die Begriffe Mikroumwelt und Makroumwelt.
- Benennen Sie die Vor- und Nachteile der Fremd- und Eigenmarktforschung.
- Welche Punkte sollten bei einem Briefing beachtet werden?

Literatur zur Vertiefung

- Bernecker, M.; Weihe, K. (2011): Kursbaustein Marktforschung, 1. Auflage, Cornelsen, Berlin
- Fantapié Altobelli, Claudia (2007): Marktforschung. Methoden – Anwendungen – Praxisbeispiele, Lucius und Lucius, Stuttgart
- Homburg, C. et al. (2008): Methoden der Datenanalyse im Überblick, in Hermann, A.; Homburg, C.; Klarmann, M. (Hrsg.): Handbuch Marktforschung, 3. Aufl., Gabler, Wiesbaden, S.151-174
- Raab, A. E.; Poost, A.; Eichhorn, S. (2009): Marketingforschung. Ein praxisorientierter Leitfaden, Kohlhammer, Stuttgart

3.2 Design von Marktforschungsprojekten

Ausgerichtet an den Zielen und dem identifizierten Informationsbedarf gilt es in der anschließenden Designphase die anstehende Marktforschungsstudie genau zu planen und zu organisieren. Mit der **Wahl der Erhebungsart** und der **Bestimmung relevanter Informationsquellen**, der **Definition der einzusetzenden Methoden** der Informationsgewinnung und der konkreten **Ausgestaltung der einzelnen Verfahren** stehen in dieser Phase sehr komplexe Entscheidungen an. Das Ergebnis wird in Form eines Forschungsplans festgehalten.

3.2.1 Festlegung der Erhebungsart und Bestimmung der relevanten Informationsquellen

Es wurde bereits dargelegt, dass die grundlegende Aufgabe der Marktforschung darin besteht, unternehmerische Entscheidungen durch die Bereitstellung relevanter Informationen zu unterstützen und zu fundieren. Ziel ist es also, **möglichst umfassende, relevante und aktuelle marktbezogene Informationen** zu erhalten, die als Entscheidungsgrundlage für die Planung und Durchführung der Marketingaktivitäten dienen.

Der Vorgang dieser systematischen und gezielten Beschaffung von Informationen wird als Erhebung bezeichnet, wobei mit der **Primär- und der Sekundärforschung** zwei grundlegende Erhebungsarten unterschieden werden können.

3.2.1.1 Sekundärforschung

Werden zur Informationsgewinnung Daten herangezogen, die bereits zu einem früheren Zeitpunkt und für andere ähnliche Zwecke zur Verfügung standen, handelt es sich um Sekundärforschung. Diese Art der Datenerhebung beinhaltet die Suche, Sammlung, Aufbereitung und Auswertung von **bereits vorhandenem Datenmaterial** unter den Aspekten der aktuellen Fragestellung. Da hierbei somit keine neuen Daten durch Befragungen oder ähnlichem erhoben werden, sondern sich die Informationsgewinnung auf eine Analyse bereits vorliegender Daten beschränkt, hat sich synonym auch der Begriff **„Desk Research"** („Schreibtischanalysen") durchgesetzt.

Innerhalb der Sekundärforschung kommen sowohl interne als auch externe Quellen zum Einsatz.

Im Bereich der **internen Quellen** stehen Daten aus verschiedenen Unternehmensbereichen zur Verfügung, wie die Unterlagen der Kosten- und Leistungsrechnung, Produktions- und Lagerstatistiken, das Beschwerdewesen oder auch das Zielgruppen- und Database-Management.

Quellen	Relevante Informationen: Beispiele
Rechungswesen und Controlling	• Kostenstruktur und Kostenentwicklung • Deckungsbeiträge (pro Kunde / pro Warengruppe / pro Region) • Bilanzkennzahlen • Rentabilität / Gewinn
Absatz- und Vertriebsstatistiken	• Angebotsstatistik • Auftragsstatistik • Umsatzstatistik • Kundendienstberichte (Garantiefälle, Reklamationen, Mahnungen etc.)
Produktions- und Lagerstatistiken	• Kapazitätsauslastung • Lagerbestände • Anstehende und abgeschlossene Projekte • Produktionskapazität
Frühere Marktforschungs- studien und Analysen (frühere Primäranalysen)	• Kundenanalysen • Wettbewerbsanalysen • Imageanalysen • Produktanalysen

Abbildung 7: Interne Informationsquellen der Sekundärforschung (Fantapié Altobelli 2007, S.28)

Die **externen Informationsquellen** für die Sekundärforschung sind sehr vielfältig. In diesem Bereich können beispielsweise allgemeine amtliche Statistiken, Ressortstatistiken, Fachliteratur sowie das Internet auf relevante Informationen für die aktuellen Fragestellungen untersucht werden.

Quellen	Relevante Informationen: Beispiele
Amtliche Statistiken (www.destatis.de, http://epp.eurostat.ec.europa.eu)	▪ Statistisches Bundesamt ▪ Statistische Landesämter/ Statistische Ämter der Gemeinden ▪ Informationen aus Bundes- und Landesministerien
Informationen der Wirtschaftsverbände (IHK, AHK, VDMA, VDA etc.)	▪ Branchenstatistiken ▪ Konjunkturberichte ▪ Betriebsvergleiche ▪ Sonderthemen und Sonderumfragen
Allgemeine Fachpublikationen	▪ Zeitungen und Zeitschriften ▪ Fachbücher und Fachzeitschriften ▪ Firmenveröffentlichungen ▪ Bibliographien
Internetbasierte Informationsquellen	▪ Suchmaschinen (z.B. Google) ▪ Netzwerke (z.B. XING) ▪ Webkataloge (z.B. Yahoo!) ▪ Link-Listen, Blogs ▪ Online-Publikationen
Wirtschaftswissenschaftliche Institute	▪ Deutsches Institut für Wirtschaftsforschung ▪ Ifo-Institut München ▪ Hamburger Weltwirtschaftsarchiv (HWWA) ▪ Institut für Handelsforschung
Informationen externer Dienstleister	▪ Marktforschungsagenturen ▪ Werbeagenturen ▪ Banken und Kreditinstitute ▪ Adressagenturen

| Sonstige externe Quellen | • Messen und Veranstaltungen |
| | • Firmenveröffentlichungen (Informationsbroschüren, Flyer, Preislisten) |

Abbildung 8: Externe Quellen der Sekundärforschung

Globale Umweltdaten (gesamtwirtschaftliche, politische, ökologische Rahmendaten etc.) werden durch die statistischen Bundes- und Landesämter erhoben und veröffentlicht (www.destatis.de, http://epp.eurostat.ec.europa.eu). Ministerien und staatliche Institutionen veröffentlichen ebenfalls regelmäßig allgemeine Wirtschaftsdaten sowie spezifische Informationen zu bestimmten Branchen.

Detaillierte Brancheninformationen erhält man zudem vor allem von den verschiedenen Wirtschaftsverbänden (www.dihk.de, www.ahk.de). Neben Branchenstatistiken, Branchenberichten und Betriebsvergleichen bereiten viele Verbände Daten aus diversen amtlichen und nicht-amtlichen Quellen für ihre Verbandsmitglieder auf.

Zudem stellen die verschiedenen wirtschaftlichen Verbände wertvolle Datenlieferanten dar:

- So befasst sich das Ifo-Institut in München beispielsweise speziell mit konjunkturellen Entwicklungen und zeigt die Struktur und Entwicklung einzelner Wirtschaftszweige auf.
- Aus den Datenquellen des Hamburger Weltwirtschaftsarchivs lassen sich vor allem gesamtwirtschaftliche Entwicklungen erkennen.
- Das Institut für Handelsforschung in Köln hat sich auf allen Themen und Entwicklungen im Handelsbereich spezialisiert.

Unabhängig von ihrer Herkunft besteht die grundlegende Gemeinsamkeit der verschiedenen Sekundärdaten darin, dass diese nicht eigens für das vorliegende Forschungsproblem erhoben werden müssen. Entsprechend sind sie in der Regel **kostengünstiger und schneller verfügbar**.

Aus betriebswirtschaftlicher Sicht empfiehlt es sich demnach, ein Marktforschungsprojekt zunächst immer mit einer umfassenden Sekundäranalyse zu starten.

Ein solches Vorgehen hat auch den entscheidenden Vorteil, dass es häufig gelingt, mit Hilfe einer sekundärstatischen Analyse bereits **erste wichtige Erkenntnisse** zu generieren, auf deren Grundlage sich eine anschließende Primäranalyse zielgerichteter planen und durchführen lässt.

Zudem besteht in bestimmten Fällen ein Bedarf an Daten, die sich ausschließlich aus sekundärstatistischen Daten gewinnen lassen (z.B. volkswirtschaftliche Rahmendaten, gesamtwirtschaftliche Entwicklungen).

Allerdings ist in jedem Fall abzuwägen, inwieweit die vorhandenen sekundärstatistischen Quellen **nützlich, vollständig, aktuell sowie wahrheitsgemäß** sind.

Zudem sind die Kosten in Bezug auf den erhofften Nutzen zu beurteilen.

Die folgende Abbildung gibt eine zusammenfassende Übersicht über die wichtigsten **Vor- und Nachteile** einer Sekundäranalyse.

Vorteile	Nachteile
• Kostengünstige Informationsbeschaffung	• Unsicherheit bzgl. der Genauigkeit und Vertrauenswürdigkeit des Datenmaterials
• Schnelle Datenerhebung	
• Lieferung von Spezialdaten (z.B. volkswirtschaftliche oder demographische Gesamtdaten), die einzelne Unternehmen nur schwer oder überhaupt nicht erheben können	• Geringe Relevanz oder Detailtiefe der Daten für das aktuelle Forschungsproblem
	• Unsicherheit bzgl. der Aktualität der Daten
• Erleichterung der Einarbeitung in die Problemstellung	• Mangelnde Datenvergleichbarkeit zu anderen Erhebungen
• Eingrenzung der Erhebungsarbeit für die Primärforschung	• Keine Verfügbarkeit der Originaldaten, stattdessen nur komprimierte Ergebnisberichte

Abbildung 9: Kritische Beurteilung der Sekundäranalyse
(Raab, Poost, Eichhorn 2009, S.22 ff.)

Folgende Hinweise erleichtern einen sinnvollen und **zielführenden Umgang mit sekundärstatistischem Datenmaterial**:

- **Dokumentation:** Es ist absolut wichtig, bereits während der Sekundärrecherche **strukturiert zu protokollieren**, welche Quellen analysiert werden. Bei Internetquellen ist dabei immer das Abrufdatum anzugeben. Dies erleichtert die Verifizierung der getroffenen Aussagen im Nachgang des Projektes. Hierzu sollten die verwendeten Quellen auch in den Projektpräsentationen angegeben und den einzelnen Aussagen zugeordnet werden.

- Es sollte stets versucht werden, die **Originalquelle** einer Information zu recherchieren und für die Informationsgewinnung heranzuziehen. Insbesondere bei Internetquellen ist die Aktualität der Daten zu prüfen.

- **Internetquellen** liefern wichtige Hinweise für ergänzende Analysen, aber stützen Sie Ihre Recherche nicht nur auf Internetquellen! Häufig findet sich im Internet nur ein Verweis auf mögliche Informationen, die auf Anfrage weitergegeben werden. Scheuen Sie nicht den Aufwand – oft genügt ein kurzer Schriftverkehr oder ein Gespräch, um weitere interessante Informationen zu erhalten.

3.2.1.2 Primärforschung

Ergänzend und/oder alternativ zur Sekundärforschung finden primärstatistische Analysen statt. Diese kommen immer dann zum Einsatz, wenn die vorhandenen **Sekundärdaten nicht ausreichen bzw. nicht aktuell genug sind**, um das vorliegende Untersuchungsproblem umfassend zu beleuchten.

Von Primärforschung spricht man immer dann, wenn neue Daten beschafft und aufbereitet werden müssen, um das vorliegende Marktforschungsproblem zu lösen. Der wesentliche Vorteil dieses Forschungsansatzes besteht darin, dass die gewonnenen, originären Daten dann speziell auf die zugrunde liegende Problemstellung zugeschnitten sind.

Als grundlegende Technik der Datenerhebung sind **Befragungen und Beobachtungen** zu unterscheiden. Daneben existieren Spezialformen der Datenerhebung wie **Experimente und Panels**, die jedoch nicht als eigenständige Verfahren einzuordnen sind, da die Erhebung der relevanten Daten ebenfalls mittels Befragungen und/oder Beobachtungen realisiert wird.

Im Folgenden gilt es zunächst die beiden Hauptformen der Datengewinnung, Befragungen und Beobachtungen, genauer zu beschreiben bevor anschließend auch die beiden angeführten Spezialformen (Experimente und Paneluntersuchungen) in ihren wesentlichen Merkmalen vorgestellt werden.

3.2.2 Befragungen

Die Befragung stellt die wichtigste Form der Datenerhebung dar. Die relevanten Daten und Informationen werden hier durch die **verbalen Auskünfte der Testpersonen** gewonnen. Befragungen werden am häufigsten eingesetzt, um Meinungen, Motive, Einstellungen und Wünsche der Kunden zu ermitteln.

Insgesamt können sehr unterschiedliche Befragungsformen zum Einsatz kommen, welche nach verschiedenen Kriterien klassifiziert werden können:

Einteilungskriterium	Ausprägungsform
Methodischer Ansatz	▪ Qualitative Befragungen ▪ Quantitative Befragungen
Art der Kommunikation	▪ Schriftliche Befragungen ▪ Persönliche Befragungen ▪ Telefonische Befragungen ▪ Online-Befragungen
Anzahl der Untersuchungs-themen	▪ Einthemenbefragungen ▪ Mehrthemenbefragungen (Omnibusbefragungen)

Abbildung 10: Befragungsformen

3.2.2.1 Einteilung nach dem methodischen Ansatz

Eine erste, für die praktische Marktforschung äußerst wichtige Einteilung stellt die Unterscheidung zwischen quantitativen und qualitativen Befragungen dar.

➢ **Qualitative Befragungen**
Als Unterscheidungskriterium wird hier der methodische Ansatz zugrunde gelegt: Typisch für qualitative Befragungstechniken ist dabei, dass diese schwerpunktmäßig auf die **Erkundung psychologischer und soziologischer Phänomene** ausgerichtet sind, wobei die Erkenntnisse meist auf Basis einer

kleinen Gruppe befragter Personen (Probanden) gewonnen werden. Qualitative Befragungen haben entsprechend in der Regel nicht den Anspruch, ein repräsentatives Ergebnis zu ermitteln. Vielmehr werden sie häufig im Vorfeld einer repräsentativen Studie eingesetzt, um Fragestellungen zu diskutieren, Meinungen einzuholen und wichtige Einschätzungen in Hinblick auf einen neuen, noch wenig erforschten Sachverhalt treffen zu können (vgl. Raab, Poost, Eichhorn 2009, S.43; Fantapié Altobelli 2007, S.43-55).

Dabei werden qualitative Studien ausschließlich **in Form persönlicher Befragungen** (Face to Face) durchgeführt, wobei sich die Befragungssituation zudem vor allem durch eine große Offenheit in der Gesprächsführung **(geringer Standardisierungsgrad)** sowie einen sehr **hohen Anteil offener Fragen** auszeichnet.

Diese typischen Merkmale einer qualitativen Technik ermöglichen es dem Probanden, eigene Schwerpunkte in der Befragung zu setzen und diese gleichzeitig **mit eigenen Worten** zu äußern. Aufgrund dieser freien und offenen Gesprächsform ist es wichtig, die Gespräche mit Hilfe von Tonband oder Videogeräten aufzuzeichnen.

Bei der anschließenden Analyse der Aufzeichnungen versucht der Marktforscher dann Rückschlüsse auf subjektiv relevante Informationen der Befragten zu ziehen, beispielsweise vorhandene (Kauf-) Motive, Wünsche und Erwartungen oder die Ursachen bestimmter Verhaltensweisen und Einstellungen dieser Personen zu ergründen.

Die angeführten Untersuchungsthemen lassen bereits ein weiteres Charakteristikum qualitativer Befragungen erkennen: Der Interviewer nimmt meist die Rolle eines **interessierten Zuhörers** ein und versucht eine möglichst umfassende und vollständige Sammlung von Informationen zu erreichen.

Entsprechend zeichnen sich die Befragungssituationen meist durch ihre **besondere Länge** aus. So sind auch Interviews von mehreren Stunden keine Seltenheit, wobei diese Situation besondere Anforderungen an die Auswahl der Befragungspersonen, deren Incentivierung sowie den Aufbau und die Gestaltung der Befragungssituation stellt.

Praxistipp: Dabei kommt es – unabhängig von der Interviewlänge – insbesondere darauf an, eine vertrauensvolle Atmosphäre zwischen Interviewer und Befragten herzustellen, um eine möglichst freie, offene und ehrliche Meinungsäußerung zu simulieren.

Nach den befragten Personenkreisen lassen sich qualitative Befragungen weiter in **Experten- und Konsumentenbefragungen** unterteilen. Während sich die erste Form gezielt auf qualifizierte Probanden, das heißt Sachverständige und Spezialisten, konzentriert, versucht Letztere die Meinungen und Einstellungen typischer Verbraucher zu identifizieren.

Zudem ist eine Unterscheidung nach der Anzahl der befragten Personen in **Einzel- und Gruppeninterviews** typisch. Dabei zeichnen sich Gruppeninterviews – als Gegensatz zum Einzelinterview – dadurch aus, dass mehrere Personen (in der Regel 6 bis 10) gleichzeitig an einer Befragung teilnehmen und das vorliegende Forschungsproblem meist unter Leitung eines geschulten Moderators diskutieren (vgl. Fantapié Altobelli 2007, S.43-55).

> ➤ **Quantitative Befragungen**

Im Gegensatz zu qualitativen Befragungen zielen quantitative Untersuchungsansätze darauf ab, eine **Vielzahl statistisch auswertbarer Daten** zu erhalten. Auf diese Weise wird es möglich, die identifizierten Erkenntnisse aus der Stichprobe auch auf die interessierende Grundgesamtheit zu übertragen.

Eine weitere wichtige Angrenzung zur qualitativen Befragungsmethodik besteht darin, dass quantitative Befragungen sich durch einen **hohen Standardisierungsgrad** auszeichnen.

Zudem besteht die Möglichkeit, eine quantitative Studie, neben einer persönlichen Befragung auch in Form einer schriftlichen, telefonischen oder Online-Befragung durchzuführen (vgl. Fantapié Altobelli 2007, S.36-37).

3.2.2.2 Einteilung nach der Art der Kommunikation

Nach der Art der Kommunikation kann grundsätzlich zwischen schriftlichen, persönlichen, telefonischen und Online-Befragungen unterschieden werden.

> **Schriftliche Befragungen**

Bei der schriftlichen Befragung wird ein Fragebogen erarbeitet, welcher von den Probanden selber auszufüllen ist. Demnach eignet sich diese Form der Befragung für quantitative Erhebungen in größerem Umfang zu **Themen mit geringem Erklärungsbedarf.**

Diese Befragungsform ist beispielsweise typisch für **Kundenbefragungen** und wird in den meisten Fällen postalisch versandt. Alternativ können die Fragebögen auch persönlich verteilt werden oder sie werden den anvisierten Probanden in Form von Beilagen in Zeitschriften oder Zeitungen zugeteilt.

Von Vorteil sind hierbei vor allem die **geringen Kosten** sowie das **schnelle und einfache Handling.** Jedoch **fehlt die Kontrolle** über die Befragungssituation (Wer füllt den Fragebogen aus? Wann wird er ausgefüllt? Wird er mit Sorgfalt ausgefüllt?). Zudem fehlt bei möglicherweise auftretenden Verständnisschwierigkeiten die Möglichkeit, Rückfragen zu stellen.

Entsprechend wichtig ist es, vor allem bei schriftlichen Befragungen, die Fragen einfach und unmissverständlich zu formulieren.

Grund-formen	Einzeltypen	Zustellung der Fragebögen	Rückgabe der Fragebögen	Ablauf
Schriftliche Befragung mit persönlicher Unterstützung	Klassenzimmerinterview	Durch Mitarbeiter des Veranstalters	An Mitarbeiter des Veranstalters	kontrolliert
	Einzelinterview			
	Einzelbefragung in Form von Panel- / Tagebuch-erhebungen		An Mitarbeiter des Veranstalters oder postalisch	un-kontrolliert
Schriftliche Befragung ohne persönliche Unterstützung	Zeitungen, Zeitschriften- oder Gebrauchs-anleitungengesteuerte Befragung	Beilage oder Eindruck	postalisch	
	Postalische Befragung	postalisch		

Abbildung 11: Schriftliche Befragung

Insbesondere wenn die Untersuchung ohne persönliche Unterstützung durchgeführt wird, besteht eine typische Schwierigkeit schriftlicher Befragungen darin, eine **ausreichend große Stichprobe** zu realisieren.

Da der Stichprobenumfang unmittelbaren Einfluss auf die Repräsentativität der Studie hat, ist es entsprechend wichtig, diesem Problem bestmöglich vorzubeugen bzw. es einzudämmen. Die folgenden Vorschläge liefern hierzu geeignete **Ansatzpunkte** (vgl. Friedrichs 1990, S.241-242):

- Die **Studie** sollte im Vorfeld des Versands der Fragebögen **angekündigt** werden. Erfolgversprechend ist dabei vor allem eine persönliche bzw. telefonische Kontaktaufnahme mit den relevanten Auskunftspersonen.

- Der **Sinn und Zweck** der Umfrage ist nachvollziehbar **zu begründen** und die künftige Verwendung der Ergebnisse ist zu schildern. Auf diese Weise sollen die befragten Personen die Relevanz ihrer Teilnahme erkennen.

- Das **Ausfüllen** der Unterlagen sollte für die Befragten maximal vereinfacht und **nutzerfreundlich** gestaltet werden. Dabei kommt vor allem dem **Anschreiben** eine besondere Bedeutung zu. Dieses sollte folgende Informationen enthalten:

  o **Offizieller Briefkopf** der durchführenden Institution
  o **Untersuchungsthema und Untersuchungszweck**
  o **Begründung der Auswahl** des Befragten für die Untersuchung
  o **Anleitung zur Durchführung** der Befragung (z.B. „Erinnern Sie sich an Ihren letzten Urlaub und schreiben Sie spontan alles auf, was Ihnen bei Ihrer Unterbringung im Hotel wichtig ist." Oder: „Bitte machen Sie für jede Frage nur ein Kreuz in der Kategorie, die Ihre Meinung am besten widerspiegelt")
  o **Dauer** der Untersuchung (z.B. „Das Ausfüllen des Fragebogens wird nicht länger als 10 Minuten in Anspruch nehmen") sowie Rücksendedatum, wobei es hierbei wichtig ist, dieses Datum genau zu fixieren („Bitte schicken Sie den ausgefüllten Fragebogen bis spätestens 09. August an uns zurück"). Die Angabe eines Zeitraums, der für die Beantwortung zur Verfügung steht (z.B. Bitte schicken Sie den Fragebogen innerhalb der nächsten zwei Wochen an uns zurück") ist an dieser Stelle ungünstig, da diese Zeitangabe von den Befragten verlangt, dass sie sich selbst merken und erinnern, wann sie den Fragebogen erhalten haben.
  o **Ansprechpartner** und Kontaktdaten für Rückfragen
  o Zusicherung der **Vertraulichkeit** der Untersuchung
  o **Dank** für die Teilnahme an der Befragung

- Für das Ausfüllen der Fragebögen können verschiedene **Anreize** (Incentives) geboten werden, z.B. Gewinnspiele, Give-Aways.

- Besonders in der industriellen Marktforschung werden die Befragten häufig zur sorgfältigen Beantwortung und Rücksendung der Fragebögen motiviert, wenn der **Endbericht** der Studie den Probanden vollständig oder in Auszügen **zur Verfügung gestellt** wird.

- Es sollte unbedingt ein **adressierter und frankierter Rückumschlag** beigelegt werden.

- Die Rücklaufquote lässt sich zudem durch eine **Nachfassaktion** erhöhen, die sowohl telefonisch als auch schriftlich erfolgen kann. Dabei kommt es darauf an, die Zielgruppe an die Studie zu erinnern und ihnen die Bedeutung ihrer Teilnahme aufzuzeigen (Es sollte deutlich werden, dass eine Nicht-Teilnahme zu einer Beeinträchtigung der Aussagekraft der Ergebnisse führt).

> **Persönliche Befragungen**

Charakteristisch für die persönliche Befragung, synonym wird häufig auch die Bezeichnung der **Face-to-Face-Befragung** verwendet, ist der **unmittelbare persönliche Kontakt** zwischen dem Marktforscher bzw. Interviewer und dem Probanden. Dabei stellt der Interviewer nicht nur den Kontakt zu den Auskunftspersonen her, sondern er führt diese auch durch die Untersuchungssituation, indem er die Fragen mündlich stellt und die Antworten der Testpersonen notiert.

Persönliche Befragungen finden **häufig auf der Straße**, in Einkaufzentren oder im Rahmen von Freizeitangeboten (Freizeitparks, Events etc.) statt. Neben herkömmlichen, so genannten „**Paper-Pencil-Befragungen**", bei denen der Interviewer die Antworten handschriftlich notiert, werden auch persönliche Befragungen heute zunehmend computergestützt durchgeführt, so dass sich die Bezeichnung **CAPI** (= Computer Assisted Personal Interview) fest etabliert hat.

Als **besonderer Vorteil** mündlicher Befragungen lässt sich anführen, dass sich aus dem persönlichen Kontakt die Möglichkeit ergibt, **auf Rückfragen** und Verständnisschwierigkeiten zu **reagieren**. Zudem ist es vor allem für geschulte und erfahrene Interviewer möglich, aus der Gestik, Mimik oder der Sprache ihrer Interviewpartner zusätzliche Hinweise zu ziehen.

Allerdings stehen diesen Möglichkeiten **vergleichsweise hohe Kosten** als Nachteil gegenüber. Zudem sind mögliche **Interviewer-Effekte** zu berücksichtigen, die auftreten, wenn die Auskunftspersonen sich in ihrem Antwortverhalten (bewusst oder unbewusst) durch die Befragungssituation und/oder den Interviewer beeinflussen lassen.

➢ Telefonische Befragungen

Im Rahmen der telefonischen Befragung ruft der Interviewer die zu befragende Person an und fordert diese auf, die von ihm gestellten Fragen zu beantworten. Meist wird diese Form der Befragung computergestützt durchgeführt (**CATI** = Computer Aided Telephone Interview). Besonders eignet sich die telefonische Befragung im Rahmen von **Blitzumfragen zu aktuellen Themen** oder zu **Erhebungen in größerem Umfang**.

Dabei kommt telefonischen Befragungen der Vorteil zu, dass der **Zeitbedarf** im Vergleich zu den übrigen Befragungsformen **am geringsten** ausfällt. Zudem lassen sich Telefoninterviews im Vergleich zu persönlichen Befragungen zu **deutlich geringeren Kosten** realisieren.

Allerdings ist die **Flexibilität** telefonischer Befragungen eher als **gering** einzustufen. Neben zeitlichen Restriktionen (Telefoninterviews sollten nicht länger als maximal 10 bis 15 Minuten dauern), richtet sich diese Einschränkung vor allem auf die Themen und Frageformen. So sollten umfangreiche Fragenkomplexe, offene Fragestellungen sowie breitgefächerte Antwortmöglichkeiten vermieden werden.

Zudem entfällt die Möglichkeit, visuelle Hilfsmittel (z.B. Bilder, Vorlagen von Anzeigen oder Verpackungsformaten) einzusetzen oder den persönlichen Kontakt zwischen den Interviewpartnern selbst als zusätzliche Informationsquelle zu verwenden (vgl. Fantapié Altobelli 2007, S.40-41).

➢ Online-Befragungen

Aufgrund der flächendeckenden Verbreitung des Internets stellen mittlerweile auch Online-Umfragen eine sinnvolle Alternative zu den zuvor angeführten drei Befragungsformen dar. Diese werden meist als E-Mail-Umfrage oder www-Umfrage durchgeführt.

Im Wesentlichen entspricht die **E-Mail-Umfrage** der schriftlichen Befragung, wobei der Fragebogen hier mit Hilfe einer E-Mail versendet wird. Bei einer **www-Umfrage** wird man über einen **Hyperlink** auf den Fragebogen verwiesen.

Die Befragung selbst erfolgt auf Grundlage eines **interaktiv gestalteten Fragebogens**, den der Proband online am Bildschirm ausfüllt. Mittlerweile gibt es hierzu zahlreiche Software-Lösungen, die die Gestaltung und Programmierung der Online-Fragebögen ermöglichen.

Im Vergleich zu den anderen Befragungsformen zeichnen sich Online-Umfragen vor allem dadurch aus, dass die neue Kontaktmethode vielfältige Möglichkeiten bietet, auch **Bilder, Musik oder Videos** in die Fragebögen zu **integrieren** und gleichzeitig interaktiv auf die Antworten der Probanden zu reagieren. Zudem lässt die **anonyme Befragungssituation** ein ehrliches Antwortverhalten der Probanden erwarten.

Allerdings lässt sich der in der Vergangenheit vielfach diskutierte **Zweifel in Bezug auf die Repräsentativität** von Online-Umfragen immer noch nicht ganz entkräften. Zwar relativiert sich dieser Nachteil aufgrund der zunehmenden Verbreitung des Internets. Dennoch gilt es auch heute noch zu berücksichtigen, dass die Teilnehmer einer Online-Umfrage im Durchschnitt jünger und tendenziell technikaffiner sind als der repräsentative Bevölkerungsdurchschnitt (vgl. Raab, Poost, Eichhorn 2009, S.69).

Die Übersicht auf der folgenden Seite fasst die wichtigsten Vor- und Nachteile der verschiedenen Befragungsformen noch einmal in einer vergleichenden Gegenüberstellung zusammen.

Befragung	Vorteile	Nachteile
Schriftliche Befragung	• Abdeckung eines großen räumlichen Gebietes • Niedrige Kosten, wenn Interesse seitens der Stichprobe und damit eine hohe Rücklaufquote zu erwarten ist • Keine Beeinflussung durch Interviewer (Interviewer-Effekt)	• Nur Personen erreichbar, deren Adresse bekannt ist • Rücklauf- und Erfolgs- quoten von nur 5 bis 30 Prozent • Frageumfang ist limitiert, tabuisierte Themenstellung wenig erfolgreich • Keine Kontrolle der Ausfüllsituation, dadurch weniger repräsentativ (Wer füllt aus?) • Keine Kontrolle der Reihenfolge der Frage- beantwortung sowie des situativen Umfeldes und dessen Einfluss
Mündliche Befragung	• Hohe Erfolgsquote, dadurch hohe Repräsentativität der Ergebnisse • Fragebogenumfang und –inhalt kaum eingeschränkt • Befragungstaktisches Instrumentarium (Frageformen und –reihenfolge) bestmöglich einsetzbar • Befragungssituation weitgehend kontrollierbar • Zusätzliche Informationen zu Spontaneität oder emotionalen Reaktionen erhebbar	• Hohe Kosten • Interviewer-Effekt: Verzerrungen durch Situation und Einfluss des Interviewers
Telefonische Befragung	• Sehr kurzfristig einsetzbar • Geringere Kosten als bei mündlicher Befragung	• Durch Anonymität des Interviewers und fehlenden Sichtkontakt Einschränkung der Befragungsthemen und bei Verwendung von Hilfsmitteln (keine optischen Hilfen möglich)
Online-Befragung	• Relativ geringe Kosten • Schnelle Kontaktierung von Befragten per E-Mail bzw. Internetseite (Zeitvorteil) • Hohe Reichweite und Möglichkeit der Ansprache internationaler Zielgruppe • Automatische Erfassung der Daten	• Rücklaufquoten ggf. gering • Oftmals unzureichende Information über die Grundgesamtheit • Repräsentativität ggf. eingeschränkt – Selbstselektion von Internetnutzern • Keine Kontrolle der Ausfüllsituation – Antwortverzerrung aufgrund von Anonymität der Befragten

Abbildung 12: Kritische Beurteilung der verschiedenen Befragungsformen (Meffert, Burmann, Kirchgeorg 2008, S.159)

3.2.2.3 Einteilung nach der Anzahl der Untersuchungsthemen

Die verschiedenen Untersuchungsformen können zudem nach der Anzahl der Untersuchungsthemen gegliedert werden. Nach diesem Kriterium lassen sich **Einthemenbefragungen** (synonym wird auch von **Spezialbefragungen** gesprochen) und **Mehrthemenbefragungen** (so genannte **Omnibusbefragungen**) unterscheiden.

Die jeweils charakteristischen Merkmale dieser beiden Befragungsformen lassen sich bereits aus ihren Bezeichnungen herleiten. Während sich eine Einthemenbefragung nur mit einem einzigen Befragungsgegenstand befasst, werden die Auskunftspersonen bei einer Omnibusbefragung gleichzeitig zu unterschiedlichen Themengebieten befragt. Ein solcher Ansatz wird meist gewählt, wenn sich gleichzeitig **verschiedene Auftraggeber** an einer Befragung beteiligen. Die verschiedenen Inhalte werden dann themenbezogen sortiert und in Blöcke eingeteilt, wobei die Anzahl der Fragen pro Auftraggeber respektive Thema dabei natürlich sehr begrenzt ist, um den Gesamtumfang der Untersuchung nicht zu groß werden zu lassen (vgl. Raab, Poost, Eichhorn 2009, S.39-40).

	Einthemenbefragung	Mehrthemenbefragung
+	• Schnell durchführbar. • Nur auf das Unternehmen beschränkt. • Keine Ablenkung vom Thema. • Testpersonen sind schnell zu finden. • Zahlreiche Fragen möglich.	• Relativ kostengünstig durch Splittung der Befragungskosten auf mehrere Auftraggeber. • Abwechslungsreiche Gestaltung der Befragung durch unterschiedliche Themen möglich. • Geringe Gefahr von Lerneffekten.
–	• Relativ hohe Kosten.	• Zahl der Fragen für Themenblöcke begrenzt. • Wechselseitige Beeinflussung durch Fragen. • Hoher Umfang der Befragung kann bei den Testpersonen zu Ermüdungserscheinungen und gegebenenfalls zum Abbruch führen.

Abbildung 13: Einthemen- vs. Mehrthemenbefragungen

3.2.3 Beobachtungen

Die Beobachtung stellt neben der Befragung die zweite grundlegende Methode der **Primärforschung** dar. Diese Erhebungsform sammelt Daten über einen Forschungsgegenstand durch **Registrieren beobachtbarer, sichtbarer und faktischer Sachverhalte**.

Dabei besteht die Möglichkeit, die interessierenden Sachverhalte (beispielsweise das Kaufverhalten von Kunden in einem Laden) entweder durch **beobachtende Personen** (geschulte Beobachter) oder mit **technischen Hilfsmitteln** (z.B. Kameras) aufzuzeichnen. Demnach kann diese Form der Datenerhebung auch als **visuelle oder instrumentelle Form der Datenerhebung** bezeichnet werden. Auf diese Weise sollen beispielsweise Informationen über das Kauf- und/oder Verwendungsverhalten von Kunden gesammelt werden.

In seltenen Fällen findet die Beobachtung dabei auch durch die zu beobachtenden Personen selbst statt, was durch den Begriff der **Selbsteinschätzung** oder **Selbstbeobachtung** zum Ausdruck gebracht wird.

Im Gegensatz zu Befragungen zeichnen sich Beobachtungen dadurch aus, dass der festzustellende Sachverhalt nicht aufgrund einer ausdrücklichen Erklärung der Auskunftsperson, sondern unmittelbar aus dieser selbst bzw. ihrem Verhalten abgeleitet wird.

Allerdings kommen Beobachtungen **häufig auch in Kombination mit Befragungen** zum Einsatz, um Sachverhalte, die sich nicht unmittelbar aus dem beobachtbaren Verhalten erschließen lassen, trotzdem erfassen und in den Analysen und Erklärungen berücksichtigen zu können.

Im Folgenden werden die wichtigsten **Merkmale und Unterscheidungskriterien** verschiedener Beobachtungsformen kurz vorgestellt.

- **Durchschaubarkeit der Beobachtungssituation:** Nach dem Grad der Durchschaubarkeit, d.h. in Abhängigkeit davon, inwiefern die Untersuchungsperson von der Beobachtungssituation weiß, lässt sich diese in vier Kategorien unterteilen. Diese sind in der folgenden Abbildung dargestellt und durch ihre typischen Merkmale skizziert.

offen	nicht durchschaubar	quasi-biotische	biotische
• Der Beobachtete weiß von der Beobachtung. • Er kennt deren Zweck und deren eigentliche Aufgabe. • Beispiel: Beobachtung der Handhabung von Produkten in einer häuslichen Situation.	• Der Beobachtete weiß von der Beobachtung. • Er kennt deren Zweck, nicht aber deren eigentliche Aufgabe. • Beispiel: Beobachtung des Markenwahlverhaltens im Rahmen eines Store-Tests, wenn der Beobachtete nicht weiß, um welche Produktkategorie es sich handelt.	• Der Beobachtete weiß von der Beobachtung. • Er kennt weder deren Zweck noch deren eigentliche Aufgabe. • Beispiel: Blickregistrierungsverfahren beim Werbemitteltext.	• Der Beobachtete weiß nicht von der Beobachtung. • Er kennt weder Zweck noch deren eigentliche Aufgabe. • Beispiel: Wartezimmertest.

Abbildung 14: Beobachtungsformen
(Fantapié Altobelli 2007, S.97)

Es ist zu entscheiden ob die Beobachtung offen oder biotisch angelegt sein soll. Bei der **offenen Befragung** wissen die Probanden, dass sie beobachtet werden. In diesem Fall besteht die Gefahr von Verzerrungseffekten, da sich die Probanden aufgrund der Beobachtungssituation möglicherweise unnatürlich verhalten (so genannter **Beobachtungseffekt**).

Dieser Nachteil lässt sich im Rahmen verdeckter Beobachtungen vermeiden. Die Testpersonen wissen demnach nicht, dass sie beobachtet werden. Allerdings sind **biotische Beobachtungen** in der Regel mit einem deutlich höheren organisatorischen Aufwand verbunden, der notwendig ist, um die Beobachtungssituation zu vertuschen.

Zwischen den beiden aufgezeigten Extremformen liegen sogenannte **quasi-biotische** sowie **nicht-durchschaubare Beobachtungen**, deren charakteristisches Merkmal darin besteht, dass die Probanden zwar über die Beobachtungssituation in Kenntnis gesetzt sind, ihnen die eigentliche Aufgabenstellung bzw. der Zweck der Untersuchung jedoch nicht bekannt ist.

- **Partizipationsgrad des Beobachters:** Eine weitere Strukturierung verschiedener Beobachtungsformen ist nach dem Einsatz des Beobachters vorzunehmen. Dieser kann zum einen **aktiv** in die Untersuchungssituation involviert sein. Bei den zuvor bereits geschilderten Beobachtungen von Kunden beim Einkauf im Laden wäre dies beispielsweise möglich, indem der Beobachter sich als Verkäufer oder Kunde tarnt und so aktiv am beobachteten Geschehen teilnimmt.

Eine solche **teilnehmende Beobachtung** findet beispielsweise im Rahmen des **Mystery Shopping** statt: Der Marktforscher tritt im Geschäft als Kunde auf, um die Service- und Beratungsqualität des Handels zu beobachten. Zum anderen kann eine **passive Beobachtungsform** gewählt werden, bei der der Beobachter die Testpersonen aus dem Hintergrund überwacht. Eine solche **nicht-teilnehmende Beobachtung** stellt den **Regelfall** in der Marktforschung dar. Sie findet typischerweise im Rahmen von Gruppendiskussionen oder Handhabbarkeitsstudien Anwendung, in der die Beobachter für die Probanden unerkannt bleiben und diese beispielsweise verdeckt hinter einem Spiegelglas observieren.

- **Ort der Beobachtung:** Man unterscheidet in Bezug auf den Ort der Beobachtung zwischen Feld- und Laborbeobachtungen. Wenn die Beobachtungssituation in einem natürlichen Umfeld stattfindet, spricht man von einer **Feldbeobachtung**. Bei der **Laborbeobachtung** wird eine spezielle Beobachtungssituation – meist in den Räumen eines Marktforschungsinstituts – hergestellt. Dabei finden Laboruntersuchungen häufig im Rahmen experimenteller Studien Anwendung.

- **Standardisierungsgrad der Beobachtungssituation:** Des Weiteren lassen sich Beobachtungen nach dem Strukturierungsgrad in **standardisierter und nicht standardisierter Beobachtung** differenzieren. Während bei der erstgenannten Untersuchungsart ein präzises Beobachtungsschema besteht, existiert bei der nicht standardisierten Beobachtung kein klar vorgeschriebener Beobachtungsleitfaden. Entsprechend dient diese Erhebungsform vor allem explorativen Untersuchungen und untersucht Sachverhalte, über die bisher nur wenige Informationen vorliegen.

- **Aufzeichnungsverfahren der Beobachtung:** In der einleitenden Definition der Beobachtung wurden bereits die möglichen Aufzeichnungsverfahren genannt. Grundlegend kann hierbei unterschieden werden, ob die relevanten Sachverhalte und Vorgänge durch den Beobachter selbst oder unter Zuhilfenahme technischer Geräte erfasst werden. Dabei können **persönliche Beobachtungen meist nur bei recht einfachen Aufgaben** eingesetzt werden, wie beispielsweise bei Zählungen oder Beobachtungen des Kundenlaufs.

  Sobald jedoch **komplexere Fragestellungen** untersucht werden sollen, bei denen mehrere Merkmale gleichzeitig erhoben werden müssen, erweist sich der **Einsatz technischer Hilfsmittel** als vorteilhaft. Neben

Kameras und Tonbandgeräten zählen auch die Scannerkassen im Handel zu diesen technischen Aufzeichnungsgeräten. Vor allem im Rahmen der Werbewirkungs- sowie in der Produktforschung sind zudem spezielle Apparaturen entwickelt worden, um Verbraucherreaktionen aufzuzeichnen. Das Verfahren der **Blickaufzeichnung** stellt in diesem Bereich wohl das bekannteste Verfahren dar. Dabei wird mit Hilfe einer Helmkamera der Blickverlauf des Auges aufgezeichnet. Auf diese Weise lässt sich beispielsweise untersuchen, welche Elemente einer Anzeige (Bild, Slogan, Headline) überhaupt betrachtet wurden, wie lange die Fixationsdauer auf den verschiedenen Anzeigenelementen war und in welcher Reihenfolge sie wahrgenommen wurden.

In den vorangegangenen Ausführungen wurden bereits einige Anwendungsbeispiele von Beobachtungen genannt. In der Marktforschung finden Beobachtungen vor allem in den folgenden Bereichen **Anwendung** (vgl. Fantapié Altobelli 2007, S.98):
- **Zählungen:** Im Rahmen von Zählungen sind vor allem die folgenden Einsatzfelder von Bedeutung:
  o Erfassen von **Passantenströmen** für die Standortanalyse im Handel
  o **Besucherfrequenzen**, z.B. in Geschäften und Dienstleistungsbetrieben oder auf Veranstaltungen, Messen und Events
  o **Scanning**, d.h. Artikelgenaue Erfassung von Absatz- bzw. Verkaufsdaten im Handel
  o **Medienresonanzanalyse**, d.h. Zählen der positiven (und/oder negativen) Artikel über das eigene Unternehmen in der Presse
- **Erfassung physischer Aktivitäten:** Beobachtungen, die die Erfassung physischer Aktivitäten zum Gegenstand haben, sind beispielsweise...
  o **Kundenlaufstudien:** Aufzeichnung der Laufwege des Kunden im Handel mit der Zielsetzung, die Ladengestaltung zu optimieren
  o **Beobachtung des Zuwendungs- und Kaufverhaltens im Geschäft:** Optimierung der Ladengestaltung in Hinblick auf die Warenplatzierung und -präsentation, Beobachtung der Reaktionen auf bestimmte Marketingmaßnahmen (Zweitplatzierungen, VKF-Maßnahmen), Überprüfung von Marktchancen neuer oder modifizierter Produkte

- o **Blickverlauf beim Betrachten von Werbemitteln:** Optimierung von Werbemitteln hinsichtlich der Gestaltung und Platzierung der Elemente einer Anzeige, eines Plakates, einer Verpackung etc.
- o **Blickverlauf beim Betrachten einer Homepage:** Überprüfung der Benutzerfreundlichkeit (Usability) einer Website: Findet der Kunde die Informationen, die er sucht? Ist die Menüführung einfach und klar strukturiert? Wie viele Klicks braucht ein Kunde, bis er die gewünschten Informationen auf der Seite findet?
- o **Markenwahlverhalten im Geschäft:** Kundenanalyse zur Unterscheidung zwischen Marken- und Preiskäufern
- o **Handhabungs- und Nutzungsbeobachtungen im Rahmen der Produktforschung:** Analyse der Bedienerfreundlichkeit und der ergonomischen sowie funktionsgerechten Gestaltung von Produkten
- ▪ **Erfassung psychischer Zustände:** Neben der Beobachtung physischer Aktivitäten ist auch die Erfassung psychischer Zustände in der Marktforschung von großer Bedeutung. Voraussetzung, diese inneren Vorgänge mit Hilfe von Beobachtungen analysieren zu können, ist, dass sich diese psychischen Zustände auch in offenen, beobachtbaren **körperlichen Reaktionen** niederschlagen (z.B. Mimik und Gestik, Veränderung des Pulsschlags oder des Hautwiderstands, Schwankungen in der Stimmlage). Typische Anwendungsgebiete sind die **Wahrnehmungsforschung** oder die Messung von Erregungszuständen (z.B. Aktivierung, emotionale Reaktionen) beim Betrachten von Werbemitteln und Produkten.

Praxis-Beispiel: Auch im Rahmen unseres gewählten Beispiels des Verlagshauses „Lesen macht Spaß" wäre der Einsatz einer Beobachtung möglich und sinnvoll. Zum einen wäre an das gerade vorgestellte Verfahren der Blickregistrierung zu denken. Mit Hilfe dieser Methodik ließe sich beispielsweise die optimale Platzierung und Gestaltung einer Anzeige erforschen. Die Untersuchungsergebnisse wären demnach weniger für das eigentliche Untersuchungsproblem (rückläufige Leser- und Abonnentenzahlen) als vielmehr für die Akquise und die Verhandlung mit Anzeigenkunden geeignet. Allerdings ließen sich auch in Hinblick auf das ursprüngliche Marktforschungsproblem wichtige Erkenntnisse in Form von Beobachtungen generieren. Beispielsweise durch eine Beobachtung des Leseverhaltens, bei der registriert werden kann, welchen Inhalten der Zeitung die Leser bei ihrer Lektüre besondere

Aufmerksamkeit geschenkt haben und welche Rubriken und Kategorien für sie von untergeordneter Bedeutung waren. Diese Erkenntnisse könnten dann wichtige Ansatzpunkte für einen inhaltlichen Relaunch der Zeitschrift darstellen, wobei es hierzu wichtig ist, die Ergebnisse nicht nur aus einem einzelnen Heft abzuleiten, sondern verschiedene Hefte in die Beobachtung einzubeziehen. Nur so lassen sich relevante Tendenzen im Leseverhalten der Kunden identifizieren.

3.2.4 Spezielle Ansätze der Marktforschung

Aus der Fülle an speziellen Ansätzen der Marktforschung sollen an dieser Stelle Experimente und Panels genauer beschrieben werden.

3.2.4.1 Experimente

Neben der Befragung und der Beobachtung wird auch das Experiment als Erhebungsmethode eingesetzt. Das Ziel eines Experiments besteht darin, einen **Ursache-Wirkungs-Zusammenhang** zu **überprüfen**. Die Ursache wird hierbei durch eine sogenannte unabhängige Variable (x) und die Wirkung durch die abhängige Variable (y) wiedergegeben. Im Rahmen eines Experiments wird somit untersucht, welche Auswirkung die Änderung der Ursachenvariablen bzw. Einflussgrößen auf die Wirkungsvariable hat (vgl. Zentes, Swoboda 2001, S.149-150).

Im Marketing stellen die Maßnahmen der verschiedenen Marketinginstrumente (Produkt-, Preis-, Kommunikations- und Distributionspolitik) die Einflussfaktoren dar, deren Wirkungen auf die Erfolgsgrößen im Marketing (Absatz, Umsatz) im Rahmen einer experimentellen Untersuchung überprüft werden sollen. **Typische Marketingmaßnahmen** in diesem Sinne könnten sein:

- Ein Markenartikel wird mit einer neu gestalteten Verpackung versehen und es soll überprüft werden, ob sich allein durch die Packungsänderung der Abverkauf des Produktes erhöhen lässt **(Maßnahme der Produktpolitik)**.

- Ein Hersteller strebt eine Preisänderung an. Durch ein geeignetes Experiment soll überprüft werden, wie sich die Preisänderung auf die Höhe des Abverkaufs auswirkt **(Maßnahme der Preispolitik)**.
- Ein Unternehmen will den Einfluss zweier unterschiedlicher Werbekampagnen (emotionale Kampagne vs. informative Kampagne) auf die Kaufabsicht der Kunden überprüfen **(Maßnahme der Kommunikationspolitik)**.
- Für ein Produkt mit der Vertriebsschiene Lebensmittel-Einzelhandel soll überprüft werden, ob sich eine Zweitplatzierung förderlich auf den Absatz dieses Produktes auswirkt **(Maßnahme der Distributionspolitik)**.

Streng genommen handelt es sich bei einem Experiment um keine eigenständige Erhebungsmethode, da die relevanten Daten und Informationen auch hier mit Hilfe von Befragungen und/oder Beobachtungen erfasst werden. **Die Besonderheit des Experiments besteht darin, dass es einer spezifischen Versuchsanordnung unterliegt.** Hierbei wird der interessierende Ursache-Wirkungs-Zusammenhang so analysiert, dass möglichst alle weiteren möglichen Einflüsse kontrollierbar oder gar eliminierbar gemacht werden sollen.

Im Rahmen eines Experiments kann z.B. untersucht werden, wie sich die Veränderung der Verpackung auf die Absatzmenge eines Produktes auswirkt. Es wird also ein Ursache-Wirkungs-Zusammenhang zwischen der unabhängigen (Verpackung) und der abhängigen (Absatzmenge) Variable gemessen. Als mögliche **Störvariable** können hierbei Wettbewerbsaktivitäten genannt werden, die ebenfalls Einfluss auf die interessierende Wirkungsgröße (Absatzmenge) haben. So hätte beispielsweise eine Preiserhöhung der Konkurrenz Einfluss auf den Verkaufserfolg des eigenen Produktes. Entsprechend ließe sich aufgrund dieser „Störgröße" nicht mehr eindeutig identifizieren, ob eine gesteigerte Absatzmenge als positive Wirkung auf die veränderte Verpackungsgestaltung oder als Reaktion auf die Preiserhöhung der Wettwerber zustande gekommen ist.

Die **Bedingungen**, denen ein Experiment unterliegen sollte, stellen sich demnach wie folgt dar (vgl. Raab, Poost, Eichhorn 2009, S.44-45):

- Aktive Manipulation der unabhängigen Variablen (z.B. Gestaltung der Verpackung)
- Kontrolle von Dritt- oder Störgrößen (z.B. Wettbewerbsaktivitäten)
- Genaue Messung der evtl. Veränderung der abhängigen Variablen (z.B. Absatzmenge)

Experimente lassen sich in **Labor- und Feldexperimente** unterteilen. Während die Untersuchungsumgebung bei dem erstgenannten Typ **künstlich erschaffen** wurde (das Experiment findet in einem speziell ausgestatteten Teststudio eines Marktforschungsinstituts statt), wird das Experiment des zweitgenannten Typs in einem **natürlichen Umfeld** durchgeführt, wodurch sich verzerrende Wirkungen durch eine Testsituation weitestgehend ausschließen lassen. Allerdings ist die Kontrolle von Störvariablen aufgrund der realen Versuchsanordnung deutlich schwieriger. Zudem sind Feldexperimente in der Regel sehr kosten- und zeitintensiv.

Wie aus der obigen Ausführungen zu erkennen ist, lässt sich der interessierende Ursache-Wirkungs-Zusammenhang nur dann sinnvoll und verlässlich überprüfen, wenn es gelingt, den **Einfluss der Störvariablen** zu **eliminieren**. Hierzu stehen dem Marktforscher verschiedene Möglichkeiten zur Verfügung:

- **Bildung von Kontrollgruppen:** Diese müssen die gleichen Ausprägungen bzgl. der Störgröße(n) aufweisen wie die Experimentiergruppe. Die Experimentiergruppe wird dem experimentellen Stimulus ausgesetzt, die Kontrollgruppe nicht.
- **Kontrolle der Störvariablen** durch deren Konstanthaltung
- **Berücksichtigung eines Zufallsfehlers** in den Berechnungen

Es gibt unterschiedliche experimentelle Designs, deren Ziel es ist, unter Ausschaltung möglicher Störvariablen, eine Messung des interessierenden Ursache-Wirkungs-Zusammenhangs vorzunehmen. In Abhängigkeit vom Zeitpunkt der Messung sowie dem Einsatz von Kontrollgruppen werden verschiedene Versuchsanordnungen unterschieden (vgl. Zentes, Swoboda 2001, S.150 f.):

Kennzeichung der Untersuchungseinheit C	**E**: Versuchungsgruppe (Experimental Group) → **(x)**
	C: Kontrollgruppe (Control Group) → **(y)**
Art der Kommunikation	**B**: Messung vor dem Experiment (Before) → **T0**
	A: Messung nach dem Experiment (After) → **T1**

Abbildung 15: Experimentelles Design

- Experimente vom Typ **EBA**:
  - Es wird eine Experimentiergruppe gebildet, die mit dem experimentellen Stimulus (d.h. der zu untersuchenden Marketingmaßnahme) konfrontiert wird.
  - Die Wirkung des experimentellen Stimulus wird durch einen Vorher-Nachher-Vergleich gemessen: $x1 - x0$
- Experimente vom Typ **EBA-CBA**:
  - „Klassische" experimentelle Versuchsanordnung: Bildung einer Experimentier- und einer Kontrollgruppe.
  - Bei beiden Gruppen wird eine Messung der abhängigen Variable vorher und nachher vorgenommen.
  - Durch Bildung der Kontrollgruppe können jene Einflüsse kontrolliert werden, die auf beide Gruppen gleichermaßen einwirken, aber nicht der Marketingmaßnahme zuzuordnen sind: $(x1 - x0) (y1 - y0)$
- Experimente vom Typ **EA-CA**:
  - Bildung einer Experimental- und einer Kontrollgruppe.
  - In beiden Gruppen erfolgt eine einmalige Messung nach Durchführung des Experiments.
  - Wirkungen der unabhängigen Variable wird durch den Vergleich der Messwerte der abhängigen Variable in den beiden Gruppen ermittelt: $x1 - y1$

3.2.4.2 Panels

Neben dem Experiment bildet auch das Panel eine Erhebungsform, die strenggenommen keine eigenständige Erhebungstechnik darstellt, da die Erhebung der Paneldaten sowohl auf Grundlage von Befragungen als auch von Beobachtungen erfolgen kann.

Ein Panel kann grundsätzlich charakterisiert werden als ein **spezieller, gleich bleibender und repräsentativer Kreis von Untersuchungseinheiten** (Personen, Einkaufsstätten), bei dem in regelmäßigen zeitlichen Abständen Befragungen oder Beobachtungen zum gleichen Untersuchungsgegenstand durchgeführt werden. Insofern handelt es sich bei einem Panel um eine **Längsschnittanalyse**.

Auf diese Weise lassen sich beispielsweise Veränderungen im Verhalten von Personen, Entwicklungen von Warenbewegungen oder auch Marktveränderungen als Folge von Marketingmaßnahmen erforschen (vgl. Meffert, Burmann, Kirchgeorg 2008, S.164-165).

Grundsätzlich können Panels nach verschiedenen Kriterien klassifiziert werden. Nach dem **Befragtenkreis** wird zwischen Handels- und Verbraucherpanels unterschieden:

➢ **Handelspanel**

Ein Handelspanel stellt eine besondere Form eines Unternehmenspanels dar. Es handelt sich um eine **repräsentative Stichprobe aller Unternehmen bzw. der Betriebe einer bestimmten Branche** (z.B. Textilbranche, Lebensmittel), die in regelmäßigen Abständen zu einem bestimmten, gleichbleibenden Untersuchungssachverhalt herangezogen werden. Die Paneldaten werden dabei mittels Bcobachtungen auf Grundlage von Warenbeständen sowie der An- und Abverkäufe der interessierenden Artikel im Berichtszeitraum erhoben. Ergänzend werden die Panelmitglieder meist zu bestimmten Einschätzungen (Konsumklima, Veränderungen im Einkaufsverhalten der Kunden) befragt.

Die folgenden Beispiele geben einen Einblick in die Anwendungsmöglichkeiten eines Handelspanels:

Reguläre Erhebungsdaten	Sondererhebungsdaten
▪ Bestände einer Warengruppe	▪ Verwendetes Displaymaterial
▪ Dazugehörige Preise	▪ Teilnahme an Aktionen
▪ Einkäufe des Handels	▪ Lagerflächenaufteilung
▪ Lieferart	▪ Regalflächenaufteilung
▪ Platzierung	

Abbildung 16: Beispiele im Rahmen eines Handelspanels
(Pfaff 2005, S.85)

➢ **Verbraucherpanel**

Bei einem Verbraucherpanel handelt es sich um eine **repräsentative Stichprobe aller Endverbraucher** (oder aller Personen einer bestimmten
Verbrauchergruppe – z.B. Haushalte mit zwei Kindern), die regelmäßig zu
ihren Einkäufen in einer bestimmten Warengruppe befragt werden. Dabei
lässt sich eine weitere Unterteilung von Verbraucherpanels in die folgenden
Formen vornehmen:

- **Haushaltspanel:** Bezieht sich auf die Einkäufe des gesamten Haushalts
  (Nahrungsmittel, Putzmittel etc.).
- **Individualpanel:** Bezieht sich nur auf Einkäufe von ganz bestimmten
  Gütern oder Warengruppen, die innerhalb der Haushalte unterschiedlich
  präferiert werden (z.B. Kosmetika, Tabakwaren).
- **Single-Source-Panel:** Heranziehung identischer Erhebungseinheiten für
  unterschiedliche Sachverhalte, indem die Einkäufe der Haushalte mit
  Sondererhebungen verknüpft werden (z.B. Mediennutzung, Ernährungs-
  verhalten, Daten über Verkaufsförderungsmaßnahmen).

Allerdings sind Verbraucherpanels nicht auf die Erfassung des Einkaufsver-
haltens beschränkt. Gerade in den letzten Jahren finden sich auch vielfältige,
weitere Anwendungsmöglichkeiten, die unter der Bezeichnung „Spezial-
panels" zusammengefasst sind. Besonders häufig kommen dabei regelmäßige und wiederkehrende Kundenbefragung nach den Freizeitaktivitäten, dem

Mediennutzungsverhalten oder nach besonderen Erfahrungen, Erlebnissen und Einstellungen der Kunden zum Einsatz.

Nach der Art der Erfassung der Paneldaten differenziert man zwischen **schriftlicher und elektronischer Erfassung**. Am häufigsten kommen dabei die drei folgenden Erfassungsmöglichkeiten zum Einsatz:

- **Tagebuch-Methode** (paper diary): Ausfüllen von Berichtsbögen, in welche die Haushalte ihre Einkäufe eintragen und diese dann in regelmäßigen Abständen an das Marktforschungsinstitut schicken.
- **Inhome Scanning:** Einkäufe werden anhand ihres EAN-Codes und bestimmten Codierungsanweisungen erfasst. Dabei kommt meist ein Handscanner zum Einsatz, der den Panelmitgliedern mit nach Hause gegeben wird. Die Datenübertragung an das Marktforschungsinstitut erfolgt dabei automatisch.
- **POS (Point-Of-Sale) Scanning:** Mittels einer Identifikationskarte jedes Haushalts werden dessen Einkäufe an den Kassen automatisch erfasst.

Grundsätzlich lässt eine kritische Auseinandersetzung mit Panelerhebungen folgende Chancen und Schwierigkeiten erkennen:

Der **Prozesscharakter** von Paneluntersuchungen ist besonders positiv zu erwähnen. Nur durch eine solche **regelmäßige und wiederkehrende Messung** lassen sich Marktveränderungen als Folge von Marketingmaßnahmen identifizieren. Auf diese Weise bilden Paneldaten eine wichtige Informationsgrundlage für eine gezielte Steuerung der handels- sowie der verbraucherorientierten Marketingmaßnahmen eines Unternehmens.

Allerdings lassen die folgenden Punkte die **typischen Schwierigkeiten** einer Paneluntersuchung erkennen (vgl. Meffert, Burmann, Kirchgeorg 2008, S.165):

- **Hohe Verweigerungsrate:** Viele (potenzielle) Panelteilnehmer verweigern aufgrund der hohen Belastung einer Paneluntersuchung bereits bei der Akquirierung ihre Mitarbeit.
- **„Panelsterblichkeit":** Hohe Ausfallquote von Panelteilnehmern aus einem laufenden Panel. Neben natürlichen Ausfällen aufgrund von Umzügen oder Todesfällen sind hier insbesondere Ausfälle aufgrund von Zeitmangel, Ermüdungserscheinungen und mangelnder Motivation von Bedeutung (Die Panelsterblichkeit wird mit durchschnittlich 20% - 30% pro

Jahr beziffert). Genauso wie eine hohe Verweigerungsrate hat auch eine hohe Panelsterblichkeit Auswirkungen auf die Repräsentativität der Panelergebnisse.

- **Paneleffekt:** Paneldaten werden verzerrt, wenn sich Untersuchungseinheiten aufgrund ihrer Mitarbeit im Panel **anders verhalten** als normalerweise. Zudem kann es im laufenden Panel zu **Lerneffekten** kommen. So können Kunden durch Ihre Panelteilnahme beispielsweise bewusster einkaufen, wodurch eine Verhaltensänderung eintritt (z.B. werden deutlich mehr gesündere Produkte eingekauft, als dies normalerweise der Fall wäre). Auch **Ermüdungserscheinungen** sind bei längerer Panelzugehörigkeit nicht zu vermeiden, wodurch die Teilnehmer in ihren Berichten nachlässiger werden oder diese sogar ganz auslassen und vergessen.

3.2.5 Auswahl der Untersuchungseinheiten für ein Marktforschungsprojekt

Neben den oben erläuterten Merkmalen spielt beim Design von Marktforschungsprojekten auch die Auswahl der Untersuchungseinheiten eine zentrale Rolle.

Dabei gilt es in einem ersten Schritt, die Entscheidung zwischen einer Vollerhebung und einer Teilerhebung zu treffen:

- Im Rahmen einer **Vollerhebung** werden sämtliche in Frage kommenden Untersuchungseinheiten in die Erhebung einbezogen. Eine Vollerhebung berücksichtigt demnach die Grundgesamtheit für ein Untersuchungsproblem.

Vollerhebungen sind allerdings nur praktikabel, wenn die Grundgesamtheit relativ klein und einfach sowie eindeutig zu identifizieren ist.

Aus organisatorischen, zeitlichen und finanziellen Gründen wird die Datenerhebung jedoch meistens nur auf eine bestimmte Auswahl aus der Grundgesamtheit beschränkt und findet insofern in Form einer Teilerhebung statt.

- Im Rahmen einer **Teilerhebung** wird nur ein Teil der Grundgesamtheit, eine Stichprobe, untersucht, die Rückschlüsse auf die Grundgesamtheit zulassen soll.

Ein solcher Rückschluss auf die Grundgesamtheit ist jedoch nur dann gerechtfertigt und vermag gesicherte Ergebnisse zu liefern, wenn die Stichprobe **repräsentativ** ist.

Dieser Anspruch der Repräsentativität ist dann erfüllt, wenn die Teilmenge (Stichprobe) ein **verkleinertes, wirklichkeitsgetreues Abbild der Grundgesamtheit** darstellt (vgl. Raab, Poost, Eichhorn 2009, S.72-73).

Wird eine Teilerhebung durchgeführt, so ist ein Auswahlplan zu erstellen, der festlegt, in welcher Art und Weise die Erhebungseinheiten auszuwählen sind. Dabei können verschiedene Auswahlverfahren zum Einsatz kommen, die in der folgenden Abbildung als Überblick dargestellt sind:

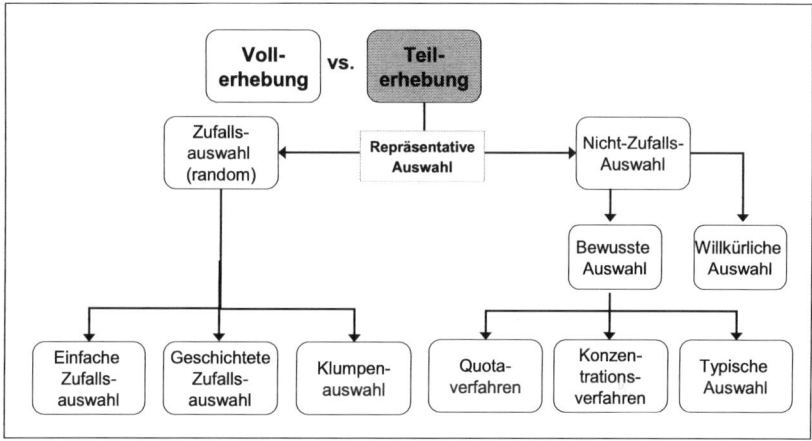

Abbildung 17: Verfahren der Stichprobenauswahl

➤ Zufallsauswahl

Verfahren der Zufallsauswahl (auch „random sampling" genannt) sind dadurch gekennzeichnet, dass die **Auswahl der Merkmalsträger auf der Grundlage eines Zufallsprozesses** erfolgt. Dadurch kann eine subjektive Beeinflussung durch den Untersuchungsleiter oder Interviewer ausgeschlossen werden.

Jedes Element der Grundgesamtheit besitzt eine berechenbare, von Null verschiedene Wahrscheinlichkeit, in die Stichprobe zu gelangen. Zudem lässt sich der Stichprobenfehler (Zufallsfehler) berechnen.

Marketing

Bei den zufallsorientierten Verfahren wird zwischen der einfachen, der geschichteten und der Klumpenauswahl unterschieden (vgl. Berekhoven et al.
2006):

- **Einfache Zufallsauswahl:** Die einfache Zufallsauswahl basiert auf dem
  sogenannten Urnenmodell – Aus einer gut gemischten Urne, welche Ku-
  geln, Namenskärtchen oder ähnliches enthält, werden zufällig nacheinander (und in der Marktforschung immer ohne Zurücklegen) Elemente im
  Umfang der geplanten Stichprobengröße gezogen. Jedes Element der
  Grundgesamtheit besitzt somit die gleiche Wahrscheinlichkeit in die
  Stichprobe zu gelangen. Vorraussetzung für dieses Modell ist das **vollständige Vorliegen der Grundgesamtheit**, wobei die Merkmalsstruktur
  nicht bekannt sein muss.

- **Geschichtete Zufallsauwahl:** Bei der geschichteten Zufallsauswahl wird
  die Grundgesamtheit zunächst anhand der zu untersuchenden Merkmale
  (z.B. Alter, Geschlecht) in Untergruppen (Schichten) eingeteilt. Aus diesen Untergruppen werden anschließend separate Stichproben gezogen
  (nach Zufalls- oder bewusster Auswahl). Dieses Verfahren ist optimal bei
  einer insgesamt **heterogenen Grundgesamtheit**, die aber aus in sich vergleichsweise **homogenen Untergruppen** zusammengesetzt ist (z.B. verschiedenen Formen des Einzelhandels, die sich in Supermärkte, Discoun-
  ter, Spezialitätengeschäfte etc. unterteilen lassen). Allerdings muss hierzu
  die Verteilung der Schichtungsmerkmale in der Grundgesamtheit bekannt
  sein.

- **Klumpenauswahl:** Bei der Klumpenauswahl („cluster sampling") wird
  die Grundgesamtheit zunächst in zufällig gewählte, sich gegenseitig ausschließende Einheiten (Klumpen, Cluster) unterteilt, welche die Aus-
  wahlbasis darstellen. Aus dieser Gesamtheit der Klumpen wird dann eine
  Zufallsstichprobe gezogen, wobei dann alle Elemente, die in den ausgewählten Klumpen enthalten sind, in die Stichproben gelangen.

➢ **Bewusste Auswahl**

Bei den Verfahren der bewussten Auswahl erfolgt die Auswahl der Untersuchungseinheiten gezielt und überlegt nach sachrelevanten Merkmalen. Zu den
Auswahlverfahren, die nicht dem Zufallsprinzip unterliegen, zählen insbesondere das Quota-, das Konzentrationsverfahren und die typische Auswahl
(vgl. Berekhoven et al. 2006).

- Bei dem **Quotaverfahren** wird die Stichprobe so konstruiert, dass die Verteilung der Merkmalsausprägungen (Quoten) innerhalb der Stichprobe der **Verteilung in der Grundgesamtheit entspricht**. Um dies realisieren zu können, müssen sowohl die Merkmale als auch die Verteilung der Merkmale in der Grundgesamtheit bekannt sein. Als erhebungsrelevante Merkmale werden dabei meist soziodemografische Merkmale, wie Alter, Geschlecht oder Familienstand herangezogen, die leicht erhebbar sind und deren Verteilung in der Grundgesamtheit aus amtlichen Statistiken zu entnehmen ist.

- Im **Konzentrationsverfahren** wird die Stichprobenauswahl auf die Elemente beschränkt, die als besonders wichtig für den Untersuchungsbereich erachtet werden. Hierbei werden die typische Auswahl und das so genannte Cut-off-Verfahren unterschieden: Die Elemente, die als besonders typisch und charakteristisch erachtet werden, werden bei der **typischen Auswahl** nach freiem Ermessen aus der Grundgesamtheit ausgewählt (z.B. eine Befragung von Besuchern verschiedener Diskotheken, um die aktuellen Musiktrends zu identifizieren).

  Das **Cut-off-Verfahren** beschränkt sich bei der Stichprobenauswahl auf die Elemente, die als besonders wichtig für den Untersuchungsbereich erachtet werden. Weitere Untersuchungseinheiten, die für den Untersuchungsgegenstand vermeintlich weniger interessant und nur mit einem hohen Erhebungsaufwand erfasst werden können, werden nicht berücksichtigt und demnach von der Stichprobe „abgeschnitten". Beide Varianten des Konzentrationsverfahrens bergen die **Gefahr**, dass die **Ergebnisse stark vom subjektiven Urteil des Forschers abhängen**, da dieser entscheidet, welche Elemente als besonders typisch bzw. besonders wichtig für den vorliegenden Untersuchungsgegenstand sind.

Wird die **willkürliche Auswahl** gewählt, werden nur jene Erhebungseinheiten ausgewählt, die besonders leicht zu erreichen sind. Aus diesem Grund hat sich auch die Bezeichnung „**convenience sample**" etabliert. Ein Anspruch auf Repräsentativität kann bei diesem Auswahlverfahren in der Regel nicht erfüllt werden.

Schlüsselwörter

Sekundärforschung, Primärforschung, Befragungen, Beobachtungen, Experimente, Panels, Vollerhebung, Teilerhebung

Aufgaben zur Lernkontrolle

- Skizzieren Sie kurz die wichtigsten Unterschiede zwischen der Sekundär- und Primärforschung.
- Welche Techniken der Primärforschung gibt es? Erläutern Sie diese.
- Nennen Sie die verschiedenen Befragungsformen.
- Was versteht man unter einer Befragung vom Typ „EBA"?
- Beschreiben Sie die typischen Schwierigkeiten einer Paneluntersuchung.
- Welche Verfahren der Stichprobenauswahl kennen Sie?

Literatur zur Vertiefung

- Fantapié Altobelli, C. (2007): Marktforschung. Methoden – Anwendungen – Praxisbeispiele, Lucius und Lucius, Stuttgart
- Meffert, H.; Burmann, C.; Kirchgeorg, M. (2008): Marketing. Grundlagen marktorientierter Unternehmensführung. Konzepte - Instrumente – Praxisbeispiel, 10. Auflage, Gabler, Wiesbaden
- Pfaff, D. (2005): Marktforschung: Wie Sie Erfolg versprechende Zielgruppen finden, Cornelsen, Berlin
- Raab, A. E.; Poost, A.; Eichhorn, S. (2009): Marketingforschung. Ein praxisorientierter Leitfaden, Kohlhammer, Stuttgart
- Zentes, J.; Swoboda, B. (2001): Grundbegriffe des Marketing. Marktorientiertes globales Management-Wissen, 5. Auflage, Schäffer-Poeschel, Stuttgart

3.3 Datengewinnung

Im Anschluss an die Entwicklung des Untersuchungsdesigns (Designphase) erfolgt die sogenannte **Feldarbeit**, bei der die eigentliche Datengewinnung laut Erhebungsplan organisiert und durchgeführt wird.

Dabei stellt eine sorgfältige Planung in der Designphase zwar eine notwendige, aber keine hinreichende Bedingung für die Güte der Untersuchungsergebnisse dar. Vielmehr ist eine **korrekte Durchführung** der daran anschließenden Feldarbeit mindestens genauso wichtig. Zudem werden in der Datengewinnungsphase meist die **höchsten Kosten** eines Marktforschungsprojektes generiert. Entsprechend wichtig ist es, auch die Datengewinnung sorgfältig zu planen und korrekt durchzuführen.

Hierzu empfiehlt es sich, der eigentlichen Erhebung einen so genannten **Pretest** (Synonym: Pilotstudie) vorzuschalten, um zu überprüfen, ob das einzusetzende Messinstrument (Fragebogen, Beobachtungsanweisungen) adäquat entwickelt wurde. In der Marktforschungspraxis werden Pretests insbesondere im Rahmen der verschiedenen Befragungsformen eingesetzt. Die Bedeutung eines solches Pretests wird sehr treffend durch das folgende Zitat zum Ausdruck gebracht: „If you don't have the resources to pilot test your questionnaire, don't do the study."

Konkret soll ein Pretest **Auskunft** geben **über**…

- die Eindeutigkeit und Verständlichkeit der Fragen,
- Probleme des Befragten mit seiner Aufgabe,
- Interesse und Aufmerksamkeit des Befragten bei einzelnen Fragen,
- das Wohlbefinden des Befragten (respondent wellbeing),
- die Vollständigkeit der Antwortkategorien,
- die Häufigkeitsverteilungen der Antworten,
- die Reihenfolge der Fragen,
- Kontexteffekte,
- Probleme des Interviewers,
- technische Probleme mit Fragebogen und Befragungshilfen,
- die Zeitdauer der Befragung sowie
- sonstige Auffälligkeiten bei der Befragung.

Für die **Durchführung** eines Pretests sind die folgenden **Hinweise** wichtig:

- Der Fragebogen sollte unter möglichst realistischen Hauptstudien-bedingungen stattfinden (die Befragten sind über den Testcharakter des Interviews nicht informiert).
- Interviewer haben die Aufgabe, Probleme und Auffälligkeiten bei der Durchführung der Interviews zu beobachten und zu berichten.
- In der Regel verhält der Interviewer sich passiv, d.h. er beobachtet nur ohne aktiv zu hinterfragen.
- Zugrundeliegendes Prinzip: Man versucht, aus der Reaktion bzw. Antwort der Befragten Rückschlüsse auf ihr Fragenverständnis zu ziehen.
- Die Befragungsdauer für einzelne Befragungsteile und das gesamte Interview wird registriert.
- Über alle bei der Durchführung der Interviews identifizierten Probleme und Auffälligkeiten wird ein Bericht angefertigt **(Pretest-Report)**.

Im Anschluss an den Pretest gilt es, die **eigentliche Datensammlung** vorzubereiten. Hierzu sind folgende **Teilentscheidungen** zu treffen (vgl. Fantapié Altobelli 2007, S.209-211):

- Auswahl der Feldorganisation
- Schulung der Interviewer
- Projektabwicklung
- Kontrolle der Erhebung

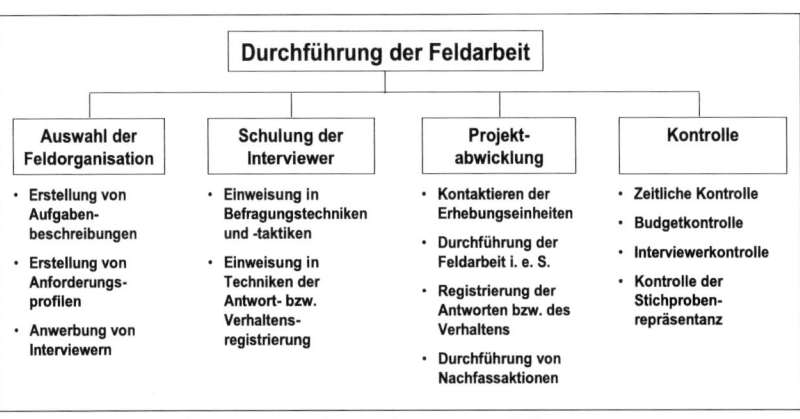

Abbildung 18: Aufgaben im Rahmen der Datenerhebung

➢ Auswahl der Feldorganisation

Im Rahmen der Auswahl der Feldorganisation wird zunächst die Entscheidung getroffen, ob ein **eigener Interviewerstab** aufgebaut werden soll oder die Dienste **professioneller Dienstleister** in Anspruch genommen werden sollen. Neben dieser grundsätzlichen Frage sind für das konkrete Projekt die damit zu beauftragenden Beobachter bzw. Interviewer auszuwählen. Dazu sollte die Forschungsleistung **detaillierte Aufgabenbeschreibungen** erarbeiten und darauf aufbauend die erforderlichen Qualifikation der Interviewer festlegen.

Auf der Grundlage der generierten Anforderungsprofile werden schließlich die geeigneten Interviewer angeworben.

➢ Schulung der Interviewer

Bei der Schulung der Interviewer sollen die wichtigsten Einweisungen und Richtlinien verdeutlicht werden, damit im Rahmen der Datensammlung eine **einheitliche und korrekte Vorgehensweise** gewährleistet werden kann.

Die folgenden Beispiele lassen die wichtigsten **Anweisungen** für Interviewer erkennen:

- Der Interviewer sollte sich offiziell ausweisen können.
- Es sollten nur fremde Personen interviewt werden.
- Der Interviewer sollte mit dem Fragebogen durchweg vertraut sein (sowohl inhaltlich als auch ablauftechnisch).
- Bei standardisierten Befragungen sollten die Fragen wörtlich vorgelesen werden.
- Die Reihenfolge der Fragen ist einzuhalten.
- Die Fragen sollten langsam und deutlich vorgelesen werden.
- Die Teilnehmer sollten genug Zeit für ihre Antwort bekommen und dürfen nicht unterbrochen werden.
- Hilfestellung für die Beantwortung der Fragen sollten nur entsprechend der definierten Interviewanweisungen gegeben werden.
- Der Interviewer ist angehalten, die Auskunftsperson in keiner Weise zu beeinflussen (weder durch beeinflussende Kommentare – z.B. „Also ich finde ja, dass die „Body and Fit" sich seit dem Relaunch echt verbessert hat,…" „Ja, ja klar, das ist echt wichtig…" – noch durch Gestiken oder Mimiken, die auf die persönliche Meinung des Interviewers schließen lassen – z.B. zustimmendes Nicken oder ablehnendes Kopfschütteln).

- Der Sampling-Plan und alle anderen Anweisungen müssen genau beachtet werden.
- Bei der Registrierung der Antworten ist sorgfältig vorzugehen.
- Die Antworten sollen wörtlich notiert werden.
- Auch zusätzliche Anmerkungen und Kommentare sind im Fragebogen zu vermerken.
- Auf keinen Fall sollte der Interviewer Antworten zusammenfassen oder interpretieren. Dies ist Aufgabe des Forschers.

➢ **Projektabwicklung**

Im Rahmen der Projektabwicklung erfolgt die **konkrete Datensammlung**. Hierzu gehören die folgenden Schritte:

- Akquise und Kontaktierung der Erhebungseinheiten
- Befragung und/oder Beobachtungen der Auskunftspersonen
- Registrierung der Antworten bzw. des beobachtbaren Verhaltens der Erhebungseinheiten
- Durchführung von Nachfassaktionen, um die Rücklaufquote zu erhöhen und schwer zugängliche Probanden zu erreichen

➢ **Kontrolle der Erhebung**

Eine wichtige Rolle spielt schließlich die Kontrolle im Verlauf und am Ende einer Erhebung. Während die **zeitliche Kontrolle** die Einhaltung des geplanten Zeitrahmens überwacht, soll die **Budgetkontrolle** gewährleisten, dass der finanzielle Rahmen nicht gesprengt wird.

Weiterhin sollte durch eine **sachliche Kontrolle** die Stichprobenrepräsentanz überprüft werden und es sollte gewährleistet sein, dass die Interviewer den Anweisungen folgen.

Schlüsselwörter

Pretest, Feldarbeit, Nachfassaktionen

Aufgaben zur Lernkontrolle

- Was versteht man unter einem Pretest?
- Was sollte bei der Schulung der Interviewer beachtet werden?
- Welche Kontrollmöglichkeiten sollten im Rahmen der Datenerhebung wahrgenommen werden?

Literatur zur Vertiefung

- Bernecker, M.; Weihe, K. (2011): Kursbaustein Marktforschung, 1. Auflage, Cornelsen, Berlin
- Fantapié Altobelli, Claudia (2007): Marktforschung. Methoden – Anwendungen – Praxisbeispiele, Lucius und Lucius, Stuttgart
- Felser, G.; Kaupp, P.; Pepels, W. (1999): Käuferverhalten, Bd. 1., in Pepels, W. (Hrsg.): Examenswissen Marketing, Fortis, Köln
- Kirchhoff, S.; Kuhnt, S.; Lipp, P.; Schlawin, S. (2003): Der Fragebogen – Datenbasis, Konstruktion und Auswertung, 3. Auflage, VS Verlag für Sozialwissenschaften, Wiesbaden
- Krug, W.; Nourney, M.; Schmidt, J. (2001): Wirtschafts- und Sozialstatistik. Gewinnung von Daten, 6. Auflage, Oldenbourg, München

3.4 Datenanalyse

Die verschiedenen Methoden der Datengewinnung liefern eine große Anzahl von Einzelinformationen. Im Rahmen der Datenanalyse erfolgt die **Ordnung, Verdichtung und Auswertung der Daten**, um auf dieser Basis Marketingentscheidungen sinnvoll unterstützen zu können.

In einem ersten Schritt gilt es hierbei, die gesammelten **Fragebögen** zu **überprüfen** und nicht auswertbare Fragebögen auszusortieren. Folgende Ursachen können dazu führen, einen Fragebogen aus der anstehenden Datenanalyse auszusortieren:

- Der Fragebogen ist **unvollständig**: Die Befragung ist vorzeitig abgebrochen worden oder es sind ganze Frageblöcke (versehentlich oder absichtlich) nicht ausgefüllt worden.
- Der Fragebogen wurde **fehlerhaft beantwortet**, weil der Befragte die Fragen oder die Aufgabenstellungen zur Beantwortung nicht verstanden hat.
- Der Fragebogen ist **offensichtlich nur „durchgekreuzt"** worden: Alle Fragen wurden mit der gleichen Antwort versehen.
- Der Fragebogen ist **zu spät eingetroffen**.

Bevor mit der eigentlichen Datenanalyse begonnen werden kann, ist in einem zweiten vorbereitenden Schritt die **Aufbereitung und Kodierung der Daten** vorzunehmen: Um Daten mit einem statistischen Analyseprogramm auswerten zu können, müssen die **Variablen messbar** sein, d.h. jeder Ausprägung muss ein Zahlenwert zugeordnet sein. Dieser Vorgang wird als Kodierung bezeichnet.

Die Kodierung der einzelnen Variablen wird in einem so genannten **Kodeplan** protokolliert, der für jede Variable die Variablenbezeichnung und die entsprechende Kodierung aufweist.

Zur eigentlichen Datenanalyse werden **statistische Verfahren** herangezogen, wobei der Begriff Statistik die Gesamtheit der Methoden umfasst, die für die **Verarbeitung empirischer Daten** relevant sind.

Als Hauptgruppen der Statistik lassen sich die deskriptive (beschreibende) und die induktive (schließende) Statistik voneinander abgrenzen (vgl. Baumgarth, Bernecker 1999, S.97 ff. und Homburg et al. 2008, S.154):

- Die **deskriptive Statistik** umfasst alle Verfahren, die sich mit der Aufbereitung und Auswertung der Stichprobe bzw. der Grundgesamtheit befassen. Sie zielen darauf ab, die unüberschaubare Datenmenge durch möglichst wenige, jedoch aussagekräftige Zahlen zu charakterisieren. Im Extremfall wird lediglich eine Zahl (z.B. Mittelwert) zur Charakterisierung der gesamten Datenmenge verwendet.

- Die **induktive Statistik** dagegen versucht auf der Basis von Stichprobenergebnissen Verallgemeinerungen bzw. Schlüsse auf die Grundgesamtheit abzuleiten. Dies bedeutet, dass die induktive Statistik nur dann notwendig ist, wenn eine Teilerhebung erfolgt ist.

Zudem lassen sich die verschiedenen Methoden der Datenanalyse entsprechend der zu untersuchenden Merkmale in univariate, bivariate und multivariate Verfahren unterscheiden.

Kriterium	Ausprägungsform	Kennzeichen
Geltungsanspruch	Deskriptive Verfahren	Aussagen über die Struktur der Stichprobe
	Induktive Verfahren	Übertragung von Stichprobenbefunden auf die Grundgesamtheit
Anzahl berücksichtigter Variablen	Univariate Verfahren	Betrachtung der Merkmalsausprägungen einer einzelnen Variable
	Bivariate Verfahren	Untersuchung der Beziehungen zwischen zwei Variablen
	Multivariate Verfahren	Untersuchung der Beziehungen zwischen drei und mehr Variablen

Abbildung 19: Statistische Analyseverfahren

3.4.1 Univariate Auswertungen

Im Rahmen der univariaten Verfahren wird in der Auswertung immer nur **eine einzelne Variable** (z.B. Betriebsform, Einkommen) **berücksichtigt**. Die statistische Analyse beschränkt sich also auf die Merkmalsausprägungen der Untersuchungsobjekte bezüglich eines Merkmals.

Zu univariaten Methoden deskriptiver Art gehören unter anderem Häufigkeitsverteilungen, Lageparameter sowie Streuungsparameter.

➤ Häufigkeitsauswertungen

In einem ersten Schritt sollte im Rahmen der Datenanalyse zunächst mit der Auswertung der Häufigkeiten begonnen werden. Die Häufigkeitsauswertungen werden umgangssprachlich auch als „Nasenzählen" bezeichnet: Sie gibt für jede Variable an, mit welcher Anzahl die jeweilige Merkmalsausprägung in der Untersuchung genannt wurde.

Häufigkeiten werden dabei entweder in ihrer **absoluten oder** ihrer **relativen Ausprägung (Prozent) angegeben**. Zur Veranschaulichung werden Häufigkeitsverteilungen grafisch dargestellt, wobei sich vor allem Balken- oder Kreisdiagramme eignen.

➤ Lageparameter

Lageparameter kennzeichnen diejenige Ausprägung eines Merkmals, die **für die analysierte Häufigkeitsverteilung am typischsten** ist. Zu den gebräuchlichsten Lageparametern zählen der Modus, der Median (oder auch Zentralwert genannt) sowie das arithmetische Mittel, wobei die Berechnung dieser Parameter vom Skalentyp des betrachteten Merkmals abhängt (vgl. Homburg, Klarmann, Krohmer 2008, S.217-218).

- **Modalwert** (Synonym: **Modus**): Die in der Verteilung am häufigsten vorkommende Ausprägung stellt den Modus oder Modalwert dar. Dieser Wert kann für Merkmale aller Skalenniveaus bercchnet werden.
- **Median:** Der Median teilt eine der Größe nach sortierte Reihe von Variablenwerten genau in der Mitte, sodass die Anzahl der Variablenwerte links und rechts vom Median gleich groß ist. Aufgrund dieser Eigenschaft spricht man beim Median auch vom **zentralen Wert**. Die Mindestvoraussetzung für den Median ist eine Ordinalskala.

- **Mittelwert** (Synonym: **Arithmetisches Mittel**): Das arithmetische Mittel gibt den **Durchschnittswert** an. Dieser wird berechnet, indem man alle Einzelwerte aufsummiert und durch Anzahl der untersuchten Merkmalsträger teilt. Diese Berechnung setzt ein metrisches Skalenniveau der entsprechenden Variable voraus.

➢ **Streuungsparameter**

Wie oben aufgeführt, zählen auch Streuungsmaße zu den univariaten Auswertungsmöglichkeiten. Während die Lageparameter das Zentrum einer Verteilung charakterisieren, beschreiben Streuungsmaße die **Ausdehnung**.

Mithilfe von Streuungskennzahlen ist somit eine Analyse der Merkmalsverteilung möglich, d.h. eine Aussage darüber, wie weit die einzelnen Merkmalswerte der berücksichtigten Untersuchungseinheiten über den Bereich der Merkmalsskala verteilt sind (streuen). Es ist durchaus denkbar, dass die arithmetischen Mittel für ein bestimmtes Merkmal in zwei unterschiedlichen Stichproben zwar identisch, die Merkmalsausprägungen in den jeweiligen Stichproben jedoch unterschiedlich verteilt sind. Zu den Streuungsparametern zählen unter anderem die Spannweite, die Varianz sowie die Standardabweichung.

- **Spannweite** (Synonym: **Spanne**): Die Spannweite berechnet sich aus der Differenz zwischen dem höchsten und niedrigsten Merkmalswert und gibt damit die Streubreite der Häufigkeitsverteilung an.
- **Varianz:** Zur Berechnung der Varianz werden zunächst die jeweiligen Abweichungen der einzelnen Merkmalsausprägungen vom arithmetischen Mittel quadriert und anschließend wird die Summe der quadrierten Abweichungen durch die Anzahl der Merkmalsträger dividiert.
- **Standardabweichung:** Die Standardabweichung ist als die Wurzel der Varianz definiert. Durch die Standardabweichung ist es möglich, verschiedene Merkmale im Hinblick auf Streuung miteinander zu vergleichen.

Wie aus den angeführten Beispielen zu erkennen ist, besteht die Voraussetzung für das Berechnen aller drei aufgeführten Streuungsparameter in dem Vorliegen eines metrischen Skalenniveaus.

3.4.2 Bivariate Auswertungen

Im Gegensatz zu den univariaten Verfahren beziehen bivariate Verfahren gleichzeitig **zwei Variablen** in die Analysen mit ein, mit dem Ziel **Zusammenhänge bzw. Unterschiede** zwischen den beiden Variablen zu identifizieren. Hier sollen im Speziellen die Kreuztabellierung sowie die Korrelationsanalyse erläutert werden, da diese Verfahren in der Praxis häufig Anwendung finden (vgl. Homburg, Klarmann, Krohmer 2008, S.221 ff.).

➤ **Kreuztabellierung**

Das einfachste Verfahren zur Aufdeckung und zur Veranschaulichung von Zusammenhängen zwischen zwei Variablen ist die Kreuztabellierung. Voraussetzung hierfür ist, dass die interessierenden Variablen in sich gegenseitig ausschließende Untergruppen eingeteilt werden (Bsp.: Die Variable „Geschlecht" wird in die Untergruppen „männlich" und „weiblich" eingeteilt und die Variable „Einkaufsverhalten" in die Untergruppen „Produkt gekauft" und „Produkt nicht gekauft"). Dabei ist es für beide Variablen ausreichend, dass diese nominales Skalenniveau aufweisen.

Alle möglichen Ausprägungskombinationen werden in einer **zweidimensionalen Matrix**, der Kreuztabelle dargestellt. Für jede Kategorie ermittelt man dann die absoluten sowie die relativen Häufigkeiten. Jedes Feld der Kreuztabelle steht für eine Fallgruppe, d.h. für eine Kombination von Ausprägungen der beiden interessierenden Variablen. Das folgende **Beispiel** veranschaulicht den Zusammenhang zwischen den Variablen „Geschlecht" und „Kauf der Zeitschrift Body and Fit".

Entsprechend können aus der dargestellten Kreuztabelle in einem ersten Schritt die folgenden **Informationen** gewonnen werden:
- In der Studie wurden Männer und Frauen (jeweils 50 ➔ n=100) zu gleichen Teilen nach Ihrem Kauf der Zeitschrift „Body and Fit" befragt.
- 15 Männer aus der Stichprobe haben die Zeitschrift gekauft.
- 30% aller Männer in der Stichprobe haben die Zeitschrift gekauft.
- 31,9% der Käufer der Zeitschrift „Body and Fit" sind Männer.
- Demgegenüber haben 32 Frauen die Zeitschrift gekauft. Das heißt, dass 64% der befragten Frauen die Zeitschrift gekauft haben bzw. 68,1% der Käufer der Zeitschrift „Body and Fit" Frauen sind.

Aus der dargestellten Kreuztabelle kann also gefolgert werden, dass die Zeitschrift in der Stichprobe von deutlich mehr Frauen als von Männern gekauft wird.

An dieser Stelle stellt sich die Frage, ob sich der beobachtete Unterschied zwischen den beiden untersuchten Merkmalen nur zufällig innerhalb des üblichen Streubereichs möglicher Stichprobenresultate ergeben hat oder ob er statistisch gesichert (**signifikant**) ist, d.h. ob er sich auf die Grundgesamtheit übertragen lässt. Zu diesem Zweck kann der hier nicht behandelte **Chi-Quadrat-Test** herangezogen werden, um den identifizierten Zusammenhang auf statistische Signifikanz zu überprüfen.

➤ Korrelationsanalyse

Die Korrelationsanalyse, die bei metrischen Variablen angewandt wird, erlaubt neben der Überprüfung eines linearen Zusammenhangs zweier Variablen auch die **Messung der Stärke dieser Beziehung**. Dies geschieht mit Hilfe des sogenannten **Korrelationskoeffizienten (r)**, der Werte im Bereich -1 und +1 annehmen kann. Wird im Rahmen der Korrelationsanalyse ein negativer Wert ermittelt **(r < 1)**, so bedeutet dies, dass zwischen den beiden Variablen ein **negativer Zusammenhang** existiert. Die Erhöhung der einen Variablen führt demnach zur Verminderung der anderen Variablen (Bsp.: Eine Preiserhöhung führt i.d.R. zu einer Verminderung der Absatzmenge eines Produktes).

Im positiven Wertebereich **(r > 1)** ist die Erhöhung des einen Merkmals mit einer Erhöhung des anderen Merkmals verbunden (Bsp: Ein vermehrter Einsatz von Werbemaßnahmen übt sich positiv auf die Bekanntheit des Produktes aus).

Je näher der Korrelationskoeffizient an Null angrenzt, desto schwächer ist der untersuchte Zusammenhang und je näher der ermittelte Wert dem absoluten Betrag von eins kommt, umso stärker ist der Zusammenhang zwischen den zwei Variablen.

Vergleichbar zu der Kreuztabellenanalyse werden die identifizierten Zusammenhänge mit Hilfe von **Testverfahren** (induktive Statistik) auf **statistische Signifikanz** überprüft. Ist diese gegeben, so kann der ermittelte Zusammenhang auch für die Grundgesamtheit angenommen werden.

3.4.3 Multivariate Auswertungen

Multivariate Analysen, d.h. die gleichzeitige Analyse von **mindestens zwei Variablen**, gehören heute zum Standardwerkzeug der Marktforschung. Ein Grund dafür ist die **zunehmende Verbreitung der EDV** und die steigende Leistungsfähigkeit sowie Benutzerfreundlichkeit der entsprechenden Software (Spezialprogramm z.B. SPSS).

Ein zweiter Grund liegt in der **Komplexität der Beziehungen im Marketingbereich**. Einfache Erklärungsansätze scheitern häufig an der Realität. So lässt sich beispielsweise ein zu geringer Marktanteil eines Produktes auf eine Vielzahl gleichzeitig wirkender und untereinander abhängiger Einflussfaktoren zurückführen. Daher sind in der Wissenschaft eine Vielzahl von leistungsfähigen Verfahren entwickelt worden, mit deren Hilfe komplexe Zusammenhänge analysiert und dargestellt werden können.

Die folgenden Ausführungen beschränken sich auf einige Verfahren, die in der Praxis eine besonders hohe Bedeutung aufweisen. Eine Strukturierung dieser Verfahren kann dahingehend vorgenommen werden, dass unterschieden wird, ob vor der Analyse eine Einteilung in abhängige und unabhängige Variablen erfolgt oder nicht (vgl. Backhaus, Erickson, Plinke, Weiber 2003):

- **Dependenzanalyse:** Im Rahmen der Dependenzanalyse wird ein Kausalzusammenhang unterstellt und entsprechend erfolgt die **Definition von abhängigen und unabhängigen Variablen**. Ziel ist es, den Einfluss einer oder mehrerer unabhängiger Variablen auf eine oder mehrere abhängige Variable(n) zu untersuchen.
- **Interdependenzanalyse:** Demgegenüber besteht das Ziel der Interdependenzanalyse darin, die wechselseitigen Abhängigkeiten zwischen Variablen zu untersuchen, ohne vorher die Richtung dieses Zusammenhangs festzulegen. Eine **Unterscheidung zwischen abhängigen und unabhängigen Variablen erfolgt** hier deshalb **nicht**.

Beide Analysearten spielen in der Praxis eine wichtige Rolle. Ihr Einsatz hängt jeweils von der zugrundeliegenden Problemstellung bzw. den zu beantwortenden Forschungsfragen ab. Die folgende Abbildung gibt einen Überblick über die wichtigsten multivariaten Verfahren (vgl. Backhaus, Erickson, Plinke, Weiber 2003):

Verfahren	Anwendungsgebiet	Fragestellungen
Regressions-analyse	<ul><li>Untersuchung von Kausalbeziehungen</li><li>Prognose</li><li>Zeitreihenanalyse</li></ul>	Wie verändert sich die Absatzmenge, wenn das Werbebudget um 10% erhöht wird? Welche Absatzmenge ist in der Zukunft zu erwarten?
Varianzanalyse	Auswertung von Experimenten (Untersuchung von Kausalbeziehungen)	Welchen Einfluss haben zwei Marketinginstrumente (Markenname und Absatzweg) auf den Erfolg eines Produktes?
Korrelations-analyse	Untersuchung von Zusammenhängen (Stärke und Richtung)	Besteht zwischen dem Einkommen und der Kaufabsicht ein Zusammenhang?
Cluster-Analyse	Gruppenbildung (Bündelung von Objekten entsprechend ihrer Ähnlichkeiten)	Lassen sich die Kunden eines Industrieunternehmens entsprechend ihrer Einkaufsgewohnheiten in Gruppen einteilen?
Faktoren-Analyse	Datenverdichtung	Lässt sich die Vielzahl von Kundenzufriedenheitsfaktoren auf wenige komplexe Faktoren reduzieren?
Multi-dimensionale Skalierung (MDS)	Positionierung von Objekten (räumliche Darstellung entsprechend der Ähnlichkeit von Objekten)	Wie können konkurrierende Produkte im Wahrnehmungsraum der Zielgruppe positioniert werden? Wie ähnlich/ unähnlich sind sich konkurrierende Produkte?
Conjoint-Analyse	Bestimmung von Nutzenwerten (Bestimmung des Beitrags verschiedener Komponenten zum Gesamtnutzen eines Objektes)	Welche Nutzenbeiträge liefern die Farbe, der Preis, die PS-Zahl und die Geschwindigkeit für den Gesamtnutzen eines Pkws?

Abbildung 20: Multivariate Analyseverfahren

Schlüsselwörter

Univariate, bivariate und multivariate Verfahren, Dependenz- und Interdependenzanalyse

Aufgaben zur Lernkontrolle

- Welche Methoden der univariaten Erhebungsmethode kennen Sie? Erläutern Sie diese.
- Erläutern Sie, wann eine Kreuztabellierung Sinn macht. Benennen Sie drei Beispiele aus der Praxis.
- Erklären Sie kurz die Unterscheidung in Dependenz- und Interdependenzanalysen.

Literatur zur Vertiefung

- Baumgarth, C.; Bernecker, M. (1999): Marketingforschung, Oldenbourg, München
- Bernecker, M.; Weihe, K. (2011): Kursbaustein Marktforschung, 1. Auflage, Cornelsen, Berlin
- Homburg, C. et al. (2008): Methoden der Datenanalyse im Überblick, in Hermann, A.; Homburg, C.; Klarmann, M. (Hrsg.): Handbuch Marktforschung, 3. Aufl., Gabler, Wiesbaden, S.151-174
- Skiera, B.; Albers, S. (2008): Regressionsanalyse, in: Hermann, A.; Homburg, C.; Klarmann, M. (Hrsg.): Handbuch Marktforschung, 3. Auflage, Gabler, Wiesbaden, S.467-498

3.5 Dokumentation und Präsentation

Den letzten Schritt eines jeden Marktforschungsprojektes bildet die Dokumentation und Präsentation der Ergebnisse. Dabei erfolgen bei Marktforschungsprojekten normalerweise sowohl eine schriftliche Dokumentation als auch eine mündliche Präsentation.

3.5.1 Schriftliche Dokumentation

Bei der schriftlichen Dokumentation bietet sich folgende **Grobstruktur** an:
- Problemstellung und Zielsetzung der Studie
- Zusammenfassung der wichtigsten Ergebnisse („Management summary")
- Methodische Vorgehensweise (Untersuchungsdesign, Aufbau der Fragebögen, Stichprobenziehung)
- Ergebnisdarstellung (Beschreibung der Stichprobe, deskriptive und multivariate Auswertungen), Tabellen und Grafiken zur Veranschaulichung der statistischen Kennzahlen
- Interpretation und Schlussfolgerungen
- Empfehlungen und weitere Vorgehensweise (Umsetzungsplanung, weitere Forschungsprojekte)
- Anhang (z.B. Fragebogenbeispiel, Detailauswertungen)

Bei dem Verfassen eines Berichts ist auf eine **verständliche Sprache**, einen **angemessenen Umfang** („der Meister zeigt sich im Auslassen") sowie eine **formal ansprechende Gestaltung** zu achten. Speziell bei der Ergebnisdarstellung bietet es sich an, die quantitativen Ergebnisse durch Abbildungen zu visualisieren.

Grafische Darstellungen nehmen im Rahmen der Datenpräsentation eine wichtige Rolle ein, da sie die Übersichtlichkeit des Forschungsberichts steigern. Bei der **Erstellung von Grafiken** sind folgende Anforderungen zu beachten (vgl. Pfaff 2005 S.133-134):
- Eine Grafik sollte übersichtlich sein und sich auf das Wesentliche beschränken.

- Die Grundaussage und der Zweck einer Grafik sollten dem Betrachter ohne weitere Erläuterung klar sein.
- Die Herkunft des Datenmaterials sollte erkennbar sein.
- Hinweise auf Maßstäbe und Proportionen sollten angegeben werden.
- Auf Verknüpfungen mit dem Text sollte hingewiesen werden.

3.5.2 Mündliche Präsentation

Der Erfolg einer mündlichen Präsentation hängt stark von der Vorbereitung ab. Diese umfasst **organisatorische Aspekte** wie z.B. die Information der Teilnehmer (Ort, Zeit, Dauer, Thema und Ziel), Raumauswahl und Reservierung sowie die Auswahl der Teilnehmer. Daneben bildet die inhaltliche und formale Gestaltung der Präsentation einen Gegenstand der Vorbereitungsphase.

Die **inhaltliche Vorbereitung** betrifft die Festlegung der Struktur sowie die Auswahl der zu übermittelnden Informationen. Die **formale Vorbereitung** umfasst vor allem die Gestaltung der Folien sowie die Auswahl der Präsentationshilfsmittel und die Produktion von Präsentationsunterlagen. Bei der **Gestaltung der Folien** sind folgende Grundlagen zu beachten:
- Einheitliche Gestaltung der Folien (Corporate Design)
- Wenige Aussagen pro Folie
- Vergleiche nebeneinander abbilden
- Verwendung von Farben zur Hervorhebung
- Wichtige Aussagen in die Folienmitte und gute (Aus)Nutzung des zur Verfügung stehenden Platzes

Im Rahmen der eigentlichen Präsentation ist der Erfolg stark von der Persönlichkeit des Präsentierenden abhängig.
Praxistipp: Diese kann durch den gezielten Einsatz von Rhetoriktechniken verbessert werden.

3.5.3 Typische Fehlerquellen

Abschließend werden noch einige typische Fehlerquellen aufgeführt, die sowohl für die schriftliche Dokumentation als auch die mündliche Präsentation typisch und entsprechend bei deren Kenntnis vermeidbar sind:

- Ziel, Aufgabenstellung und Konzept nicht erkennbar
- Zu lang und umfangreich
- Übergenauigkeit („Zahlenfriedhöfe")
- Unzureichende Erklärung und „Fachchinesisch"
- Sehr sachliche und farblose Darstellung
- Zu viele Grafiken („Folienschlachten")
- Es werden keine Empfehlungen ausgesprochen, um nicht „festgenagelt" werden zu können

Aufgaben zur Lernkontrolle
- Wie sollte die schriftliche Dokumentation der Ergebnisse aufgebaut sein?
- Welche formalen Punkte gilt es bei der Präsentation zu beachten?

Literatur zur Vertiefung
- Pfaff, D. (2005): Marktforschung – Wie Sie Erfolg versprechende Zielgruppen finden, Cornelsen, Berlin

4. Strategisches Marketing

Gesättigte Märkte, die Globalisierung der Angebote und eine Stagnation der Nachfrage sind nur einige ausgewählte Ursachen und Beispiele dafür, dass sich die **Wettbewerbsbedingungen** in nahezu allen Branchen verändert und vor allem **verschärft** haben. Vor dem Hintergrund dieser Entwicklungen sind eine strategische Planung und insbesondere eine langfristige Orientierung marktgerichteter Konzepte zu unverzichtbaren Bestandteilen unternehmerischer Tätigkeit geworden.

Konkret lassen die folgenden **Anforderungen an die Unternehmen** die Bedeutung einer strategischen Marketingplanung und eines strategischen Handelns erkennen:

- Frühzeitige **Identifikation der langfristigen Trends und Entwicklungen**, um das unternehmerische Risiko zu reduzieren (**Marktforschung**).
- Vermeiden von Gefahren und Nutzen von Chancen durch **aktive Beeinflussung der Märkte**.
- Ersatz kurzfristiger Konzepte durch **strategische Konzepte zum Aufbau von Erfolgspotenzialen** für eine langfristige Existenzsicherung und Profitabilität.
- Nicht nur Reaktion auf vergangene Trends, sondern **Orientierung an Kundenbedürfnissen und -anforderungen**, um zukunftsfähige Erfolgspotenziale aufzubauen.

Strategische Planungen sind eigentlich für jeden von uns etwas ganz Alltägliches. Schon die Entscheidung, wie man zur Arbeit kommt, hat einen strategischen Charakter. Wähle ich den schnellsten Weg mit dem Auto oder fahre ich mit dem Fahrrad und kann mich so schon am Morgen aktiv betätigen und tue gleichzeitig etwas für die Umwelt? Das Ziel dieser Entscheidung ist dasselbe, aber es ergeben sich unterschiedliche Möglichkeiten und Wege, um dieses Ziel zu erreichen.

Ausgehend von diesem sehr einfachen Beispiel stellt sich also die Frage, durch welche wesentlichen Merkmale sich Strategien im Allgemeinen charakterisieren und kennzeichnen lassen. Damit verbunden sind gleichzeitig die Fragen, wann, wieso und in welcher Form Strategien im unternehmerischen

Kontext zum Einsatz kommen und welche Aufgaben dem strategischen Marketing zukommen.

Obwohl die Bedeutung einer strategisch-orientierten Unternehmensführung inzwischen allgemein erkannt wird, existiert nach wie vor eine Vielzahl unterschiedlicher Definitionen und Begriffsauffassungen. Aus etymologisch-historischer Sicht geht die Bezeichnung „Strategie" auf die griechischen Begriffe „Stratos" (Das Heer) und „Agein" (Führen) zurück. Bereits aus der Übertragung dieser Überlegungen auf die Betriebswirtschaftslehre lässt sich der Kerngedanke strategischen Denkens sehr gut erkennen. Ausgehend von seinen historischen Wurzeln finden strategische Überlegungen im betriebswirtschaftlichen Kontext erstmals im Rahmen der **Spieltheorie** Anwendung. Dort entspricht die Strategie eines Spielers einem vollständigen Plan, der für alle denkbaren Situationen eine geeignete Wahlmöglichkeit hat. Strategisches Denken lässt sich also mit einem Schachspiel vergleichen: Den größten Erfolg hat derjenige, der die Entwicklung des Spiels am besten erkennt und die Schritte seiner Mitspieler nie außer Acht lässt. Dieser Plan, bei dem der Spieler sowohl die eigenen als auch die gegnerischen Aktivitäten gleichzeitig und vorausschauend berücksichtigt, wird „Strategie" genannt (vgl. Welge, Al-Laham 2003 S.12-13).

Vergleichbar zu den angeführten Beispielen ist auch unternehmerisches Handeln dem Wesen nach **zweck- und zielorientiert**, das heißt, das unternehmerische Verhalten ist auf die Erreichung von Zielen ausgerichtet. Entsprechend lassen sich Strategien als ein **geplantes Maßnahmenbündel** der Unternehmung zur Erreichung ihrer (langfristigen) Ziele definieren. Insofern lassen sich die Ziele eines Unternehmens metaphorisch gesprochen als die angestrebten Wunschorte oder Positionen begreifen (Frage: „Wo wollen wir hin?"). Den **Ausgangspunkt** dieser strategischen Zielplanung bildet die **aktuelle Ist-Position** eines Unternehmens. Eine Antwort auf die hier relevante Frage „Wo stehen wir heute?" gilt es, im Rahmen der strategischen Analyse zu finden.

Mit der strategischen Ist-Position und den Zielsetzungen sind Anfang- sowie Endpunkt markiert. Ausgehend von diesen Voraussetzungen und Zielvorgaben fixieren Strategien die grundsätzliche Vorgehensweise. Sie legen somit den notwendigen Handlungsrahmen fest, der sicherstellt, dass alle operativen

Maßnahmen und taktischen Instrumente auch zielführend eingesetzt werden. Um in der gerade angeführten Metapher zu bleiben, lassen sich strategische Entscheidungen als **Route** oder als **Stoßrichtung** verstehen, die eine Antwort auf die Frage „Wie kommen wir dahin?" bzw. „Was muss zur Erreichung der gewünschten Zielpositionen getan werden?" geben. Insofern lassen sich Strategien als **mittel- bis langfristig wirkender Handlungsplan** definieren, der den Weg zur strategischen Zielposition festlegt. Die operativen Maßnahmen können dann mit Beförderungsmitteln verglichen werden, so dass die Frage „Was müssen wir dafür einsetzen?" hier sehr treffend ist (vgl. Becker 1999, S.2 f.).

Der dargestellte Zusammenhang lässt bereits eine wichtige Eigenschaft von Strategien erkennen: Strategien stellen **hierarchische Konstrukte** dar. Sie stehen somit in einem bestimmten **Mittel-Zweck-Verhältnis** zu den anderen Komponenten des strategischen Marketing. Dieser Zusammenhang zwischen Ist-Position, Zielen, Strategien und operativen Maßnahmen ist in der folgenden Abbildung auch grafisch dargestellt:

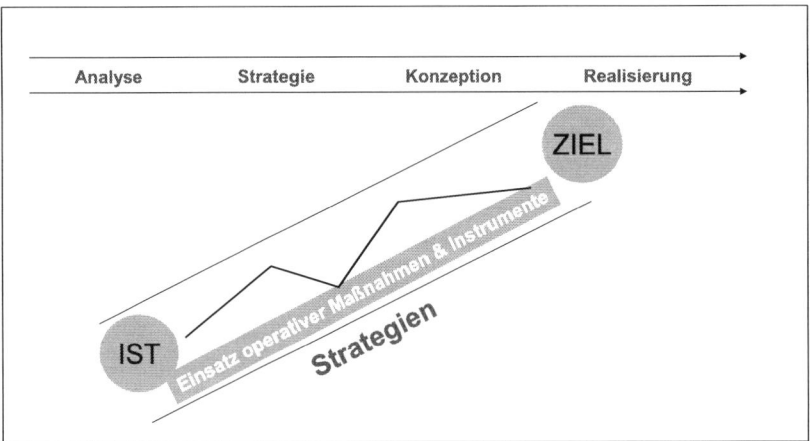

Abbildung 21: Ziele - Strategien - operative Maßnahmen

Die obige Abbildung bringt bereits eine wesentliche Funktion von Strategien zum Ausdruck: Strategien besitzen eine **Steuerungs- und Lenkungsfunktion**. Ziele stellen eine wichtige Grundlage zweckorientierten Handelns dar. Allerdings lassen sich gewünschte Positionen und Ergebnisse nicht einfach in operatives Handeln umsetzen, sondern ein zielorientierter Mitteleinsatz bedarf einer strategischen Lenkung. Nur strategiegeleitet lässt sich ein konsequenter Maßnahmenplan entwickeln und umsetzen. Insofern kann man Strategien auch als Handlungsanweisungen mit Richtlinien-Charakter bezeichnen, die dazu da sind, unternehmerische Entscheidungen zu fokussieren bzw. den Mitteleinsatz im Unternehmen zu kanalisieren. Dabei erfüllen Strategien ihre Lenkungs- und Steuerungsleistung umso besser, je vollständiger das Strategiekonzept festgelegt ist.

Wichtig ist dabei allerdings, Strategien nicht als starre Vorschriften zu verstehen. Vielmehr ist strategieorientiertes Verhalten dadurch charakterisiert, dass ein zieladäquater Kanal **(Handlungsrahmen)** vorgegeben wird, in dem sich der Instrumentaleinsatz aus Effizienzgründen schrittweise und nach vorgegebenen Lösungswegen vollzieht. Gleichzeitig erlaubt dieser Handlungsrahmen aber auch notwendige taktische Anpassungen und Spielräume, die etwa bei möglichen Änderungen der Markt- und Umweltkonstellationen (z.B. unvorhergesehene Wettbewerbsaktivitäten) notwendig werden, ohne dabei allerdings den vorgesehenen und direkten Weg zum Ziel grundsätzlich zu gefährden.

Mit ihrer Steuerungs- und Lenkungsfunktion ist bereits ein entscheidendes Merkmal von Strategien bestimmt worden. Darüber hinaus lässt sich die Tatsache, dass Strategien in der Regel aus einer Reihe miteinander verbundener Einzelentscheidungen bestehen, als weiteres konstruktives Merkmal einer Strategie festhalten: Strategien **basieren auf einer Vielzahl von Einzelmaßnahmen und -entscheidungen** eines Unternehmens, die zueinander in einem stimmigen und beständigen Verhältnis stehen (müssen). Damit Strategien ihre Lenkungsfunktion erfüllen können, ist es notwendig, strategiegeleitetes Handeln auf mehreren Strategieebenen festzulegen. Das folgende **Beispiel** verdeutlicht diesen Zusammenhang:

Ein Unternehmen plant die Verdoppelung seines Marktanteils in den nächsten zehn Jahren. Um diese Zielsetzung verwirklichen zu können, sind neben einer Verbesserung der Produktqualität und einer Intensivierung der kommunikativen Aktivitäten (Werbung, PR-Arbeit etc.) auch Ansätze für eine strategische Neukundengewinnung notwendig, wobei jede dieser Strategien für sich genommen, wiederum komplexe Maßnahmenbündel darstellen.

Ergänzend lässt sich das hier zugrundeliegende Strategieverständnis durch die drei folgenden **Merkmale** weiter charakterisieren:

- **Langfristiger Charakter:** Strategien stellen Grundsatzregelungen mittel- bis langfristig geltender Art dar. Dabei geht man in der Regel von einem Strategie- und Planungshorizont von **drei bis fünf Jahren** aus. Sie lassen sich entsprechend ihrem Wesen nach als konstante Vorgaben, Richtlinien oder Leitmaxime charakterisieren, durch die eine bestimmte Stoßrichtung des unternehmerischen Handelns determiniert wird. In Ihrer Fristigkeit bzw. in ihrem Bindungszeitraum ist auch ein weiterer wichtiger Unterschied zwischen strategischen Entscheidungen und taktischen Maßnahmen zu sehen. Während letztere auf laufende Maßnahmen innerhalb kurzer Planperioden (Monat, Jahr) ausgerichtet sind und entsprechend auch ein situationsbedingtes Reagieren vorsehen und ermöglichen, zeichnen sich Strategien insbesondere durch ihre strukturbestimmende, konstitutive Art aus. Entsprechend sind Strategien – im Gegensatz zu operativen Maßnahmen – auch **schwer zu korrigieren**, wobei in dieser Konstanz auch eine wesentliche Voraussetzung für eine systematische Vorgehensweise zu sehen ist.

- **Umweltbezogenheit:** Bei der Strategieentwicklung reicht es nicht aus, nur die unternehmensinterne Situation zu betrachten. Strategien werden nicht im luftleeren Raum entworfen und festgelegt, sondern sollten immer auch die externen Gegebenheiten und Herausforderungen eines Unternehmens berücksichtigen. Im Kern geht es bei einer strategischen Entscheidung somit darum, eine möglichst optimale Stimmigkeit („**Fit**") zwischen den Ressourcen und Potenzialen eines Unternehmens und den Chancen und Risiken des Marktes und der Unternehmensumwelt zu erreichen. Nach dieser Argumentation stellt die Umweltanalyse (neben der Unternehmensanalyse) einen unverzichtbaren Bestandteil des strategischen Marketing dar.

- **Strategien treffen Aussagen zur Ressourcenallokation:** Im Zuge ihrer Umsetzung bzw. Auflösung werden Strategien in Politiken und Maßnahmenpaketen konkretisiert und umgesetzt. Damit verbunden ist auch die Allokation von Ressourcen – wie z.B. finanziellen Mitteln, Personalkapazitäten – auf die einzelnen Projekte und Maßnahmen (vgl. Welge, Al-Laham 2003, S.14).

4.1 Aufgaben des Strategischen Marketing

Durch die bisherigen Ausführungen sind wichtige Inhalte und Komponenten des strategischen Marketing bereits bestimmt. Ausgehend von dieser inhaltlichen Definition entsteht die Frage nach den wesentlichen Aufgaben. Diese lässt sich durch eine funktionsorientierte Betrachtung beantworten:

Strategisches Marketing umfasst die Summe aller Aufgaben, die sich mit der Analyse, Planung sowie der Ausführung und Kontrolle von Strategien im Marketing beschäftigen. Dabei stellen diese Aufgaben-Bausteine einen logisch aufeinander aufbauenden **Prozess** dar, der in der folgenden Abbildung visualisiert wird:

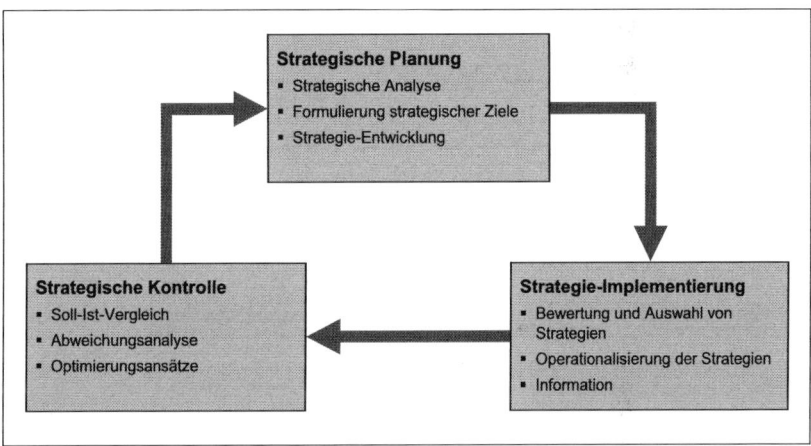

Abbildung 22: Aufgaben des Strategischen Marketing

Der Darstellung ist zu entnehmen, dass die **Planungsaufgabe** weiter in ihre wesentlichen Bestandteile **strategische Analyse sowie Strategieentwicklung** zu konkretisieren ist. Beide Aspekte haben maßgeblichen Einfluss auf den Erfolg eines Unternehmens und sollen deshalb in den späteren Ausführungen detailliert behandelt und durch die Vorstellung verschiedener Tools und Instrumente in ihrer praktischen Umsetzung verdeutlicht werden.

Zudem zeigt die Abbildung den Prozesscharakter des strategischen Marketing. Dabei stellt die **Strategieimplementierung** die **Schnittstelle zwischen strategischem und operativem Marketing** dar. Ausgehend von den vorgegebenen strategischen Grundsatzregelungen kann und soll die Taktik des unternehmerischen Handelns ziel- und zweckorientiert erfolgen. Die Umsetzung der strategischen Entscheidungen in taktische bzw. operative Maßnahmen erfordert allerdings zunächst eine **Operationalisierung der**, in der Regel recht abstrakten, **Grundsatzregelungen**. Hierzu werden die strategischen Richtlinien und Leitmaxime in **konkrete Handlungsanweisungen** übersetzt. In diesem Zusammenhang erfolgt dann auch eine Information und Instruktion der verantwortlichen Mitarbeiter.

Den Abschluss im Strategieprozess bildet die **Kontrollphase**. Kontrolle beinhaltet in erster Linie die Aufdeckung von Abweichungen durch eine **Gegenüberstellung von Soll- und Ist-Größen** sowie die Analyse von Abweichungsursachen. Auffällige Abweichungen sind daraufhin zu prüfen, ob sie die Einleitung von Korrekturmaßnahmen oder grundsätzliche Planrevisionen erfordern. Die Kontrolle bildet mit ihren Informationen zugleich den Ausgangspunkt für die Neuplanung und damit den neu beginnenden Strategieprozess. Nachdem Kontrolle ohne Planung nicht möglich ist, weil sie sonst keine planmäßigen Soll-Vorgaben hätte, und andererseits jeder neue Planungszyklus nicht ohne Kontrollinformationen über die Zielerreichung beginnen kann, bezeichnet man **Planung und Kontrolle** auch als **Zwillingsfunktionen**. Planung und Kontrolle sind gewissermaßen untrennbar miteinander verzahnt.

Bevor im Folgenden mit der strategischen Analyse und der strategischen Planung (Strategieentwicklung) die beiden zentralen Phasen des dargestellten Prozesses herausgegriffen und einer ausführlichen Betrachtung unterzogen werden, gilt es, zunächst einige weitere Spezifika des Strategischen Marketing aufzuzeigen.

Damit das Strategische Marketing auch wirklich seinen Sinn und Zweck erfüllen kann, sollte auf einige **wichtige Eigenschaften** geachtet werden:

- **Zukunftsorientierung:** Strategische Entscheidungen sind auf bestimmte Ziel- und Soll-Vorgaben gerichtet und sollten entsprechend zukünftige Entwicklungen antizipieren und aus diesen Prognosen geeignete Maßnahmen ableiten.

- **Geltungsbereich:** Strategisches Marketing kann sich auf unterschiedliche organisatorische Ebenen in einer Unternehmung beziehen. Dabei erstreckt sich der Planungs- und Geltungsbereich von strategischen Geschäftseinheiten (z.B. Produktgruppen) über die verschiedenen Funktions- und

Geschäftsbereiche eines Unternehmens bis hin zu der Konzernebene insgesamt, die es strategisch auszurichten gilt. Wichtig ist dabei insbesondere, die verschiedenen Einheiten in ihren strategischen Grundsätzen und Ausrichtungen grundlegend aufeinander abzustimmen.

- **Zuständigkeit:** Strategisches Marketing umfasst eine Vielzahl an Aktivitäten, die von unterschiedlichen Personengruppen im Unternehmen durchzuführen sind, wie beispielsweise die Festlegung strategischer Ziele, die Analyse der unternehmensinternen und -externen Gegebenheiten oder die Ableitung von konkreten Maßnahmenpaketen und Handlungen aus den Strategien. Dabei erfolgt eine Zuordnung von Aufgaben und Verantwortungen zum einen funktionsbezogen, indem Analysetätigkeiten beispielsweise durch die Marktforschungsabteilung eines Unternehmens übernommen werden. Alternativ wird die Aufgabenverteilung häufig über den jeweiligen Geltungsbereich determiniert. So übernimmt der verantwortliche Produktmanager beispielsweise die analysierenden und strategieplanenden Aufgaben für sein Produkt bzw. Produktionsprogramm.

Schlüsselwörter

Strategie, Strategisches Marketing, Strategische Analyse, Strategische Ziele, Strategieentwicklung, Strategieimplementierung

Aufgaben zur Lernkontrolle

- Was verstehen Sie unter Strategischem Marketing?
- Grenzen Sie Strategien von taktischen Maßnahmen und Entscheidungen ab.
- Zeigen Sie die wichtigsten Schritte und Aufgaben im Prozess des Strategischen Marketing auf.

Literatur zur Vertiefung

- Backhaus, K. (2003): Industriegütermarketing, 7. Auflage, Vahlen, München
- Becker, J. (1998): Marketing-Konzeption. Grundlagen des strategischen und operativen Marketing-Managements, 6. Auflage, Vahlen, München
- Benkenstein, M. (1997): Strategisches Marketing. Ein Wettbewerbsorientierter Ansatz, Kohlhammer, Stuttgart, Berlin, Köln
- Welge, M. K.; Al-Laham A. (2003): Strategisches Management. Grundlagen - Prozess - Implementierung, 4. Auflage, Gabler, Wiesbaden

4.2 Strategische Analyse

Die strategische Analyse stellt den ersten Schritt im Prozess des Strategischen Marketing dar. Entsprechend sollen im Folgenden zum einen die zentralen Inhalte der strategischen Analyse diskutiert, zum anderen aber auch die wesentlichen Analysemethoden dargestellt werden.

4.2.1 Inhalte der strategischen Analyse

Jede strategische Entscheidung hängt grundsätzlich von der Beurteilung der Marktsituation sowie der eigenen Lage eines Unternehmens ab. Den ersten Schritt eines strategischen Marketingprozesses bildet also eine strategische Analyse, in der beide Bereiche, das heißt das eigene Unternehmen sowie die Markt- und Umweltsituation, Beachtung finden und systematisch analysiert werden.

Die Vielzahl möglicher Einflüsse auf die Unternehmensentwicklung sowie die Tatsache, dass sich diese Kontextfaktoren und ihre Entwicklungen gegenseitig bedingen und beeinflussen, führen dazu, dass die strategische Analyse durch ein hohes Maß an Komplexität gekennzeichnet ist. Entsprechend ist eine gewisse Strukturierung und Systematisierung notwendig, um die Analyseaufgabe beherrschbar zu gestalten. Ein möglicher Ansatzpunkt hierzu besteht darin, zwischen der **Unternehmens- und** der **Umweltanalyse** zu unterscheiden und somit eine Systematisierung in **unternehmensinterne sowie -externe Einflussgrößen** vorzunehmen. Beide Analysefelder schaffen die informativen Voraussetzungen für die Formulierung der Unternehmensstrategien.

Zunächst sei in eincr knappen Darstellung auf die wesentlichen Aufgaben der Analyse der Umwelt sowie der des eigenen Unternehmens eingegangen.

4.2.1.1 Analyse der Unternehmensumwelt

Die Umweltbezogenheit als konstitutives Merkmal jeder Strategie wurde bereits identifiziert: Die zentrale Aufgabe des Strategischen Marketing ist darin zu sehen, mit Hilfe einer geeigneten Strategie eine möglichst weitreichende **Anpassung der Unternehmung an die Umwelt** zu ermöglichen respektive relevante Umwelt- und Marktsegmente im Sinne der eigenen unternehmerischen Zielsetzungen zu steuern und zu beeinflussen (vgl. Welge, Al-Laham 2003 S.14).

Aufgabe der Umweltanalyse ist es, möglichst vollständige, sichere und genaue Informationen über das betriebliche Umfeld zur Verfügung zu stellen. Die erste Herausforderung, die mit dieser Zielsetzung verbunden ist, besteht darin, dass nicht alle Informationen und Ereignisse in der Umwelt für die Entwicklung und Strategieformulierung eines Unternehmens von Bedeutung sind. Zudem setzen begrenzte Informationsaufnahme- und Verarbeitungskapazitäten der Umweltanalyse Grenzen in Hinblick auf die Anzahl von Faktoren, die bei dieser externen Analyse berücksichtigt werden können. Die erste grundlegende Aufgabe der Umweltanalyse besteht somit darin, aus der prinzipiell unüberschaubaren Fülle externer Elemente, die **relevanten Einflussfaktoren** zu **identifizieren**. Dabei können diejenigen Elemente zur relevanten Umwelt gezählt werden, von deren Eigenschaften oder Verhaltensweisen ein Einfluss auf die Erreichung der Unternehmensziele ausgeht bzw. zu erwarten ist (vgl. Welge, Al-Laham 2003, S.187-188).

Für eine Identifikation der speziellen Informationsbedarfsfelder ist eine solche Eingrenzung allerdings noch zu allgemein und muss entsprechend konkretisiert werden. Hierzu hat sich sowohl in der Literatur als auch in der Unternehmenspraxis eine Systematisierung bewährt, die zwischen einer **generellen und globalen Umwelt** (synonym: **Makroumwelt**) und einer **Aufgabenumwelt** (synonym: **Mikroumwelt**) unterscheidet (siehe Kap. 3.1).

Die jeweils relevanten Daten beider Informationsbereiche werden im Rahmen der schon thematisierten **Marktforschung** erfasst und ermittelt. Neben **Befragungen** (z.B. zur Analyse der Kundenzufriedenheit) kommen hierzu insbesondere **Beobachtungen** zum Einsatz, um beispielsweise die Wettbewerbssituation oder die Branchenstruktur zu untersuchen und zu bewerten. Die Aufbereitung und Interpretation der Daten erfolgt dann im Rahmen der **Datenanalyse**, die mit Hilfe verschiedener statistischer Analyseverfahren durchgeführt wird. Vor allem in größeren Unternehmen werden diese Aufgaben häufig durch die unternehmenseigene Marktforschungsabteilung übernommen, bzw. die Datenerfassung und -analyse wird in Kooperation mit externen Dienstleistern (z.B. Marktforschungsinstituten) realisiert.

4.2.1.2 Unternehmensanalyse

Die Analyse des eigenen Unternehmens stellt den zweiten Aufgabenbereich der strategischen Analyse dar. Ihr Ziel ist es, ein möglichst genaues und objektives Bild der Ressourcen und Potenziale aufzuzeigen. In ähnlicher Form wie bei der Umweltanalyse geht es auch hier in einem ersten Schritt darum, aus der prinzipiell unüberschaubaren Fülle an Einzelinformationen über ein Unternehmen, die relevanten Daten und Fakten zu identifizieren und zu selektieren. Zu den in die Analyse einbezogenen Ressourcen zählen beispielsweise die Finanzkraft inklusive der Kosten- und Erlössituation, die Personal- und Rohstoffversorgung, Unternehmensstandort und Vertriebsnetz sowie die FuE-Kompetenz (Forschung und Entwicklung) und das Management-Knowhow des Unternehmens. Um eine geeignete Informationsbasis für strategische Entscheidungen darzustellen, müssen diese Daten anschließend verdichtet und aufbereitet werden (vgl. Benkenstein 1997, S.48, Welge, Al-Laham 2003, S.235).

Für eine bessere Strukturierung der Datenfülle wurde im Rahmen der Umweltanalyse eine Einteilung in die Informationsbereiche Mikro- und Makroumwelt vorgenommen. Eine ähnliche Systematisierung ist auch für die Unternehmensanalyse wichtig, wobei hier eine sinnvolle Einteilung über das Kriterium **quantitative vs. qualitative Daten** erreicht werden kann. Im Bereich der quantitativen Daten können Unternehmen über das betriebliche Rechnungswesen eigentlich auf ein gut strukturiertes Informationssystem zurückgreifen, welches über verschiedene Kennzahlen bereits ein recht genaues Bild über die Kosten- und Erlössituation eines Unternehmens zeichnet. Allerdings kommt den qualitativen Daten für die strategische Unternehmensanalyse meist ein noch größerer Stellenwert zu. So stellen beispielsweise Informationen über die Qualität der Marktleistungen und die Leistungspotenziale des Unternehmens eine entscheidende Grundlage für Positionierungsentscheidungen des Unternehmens dar.

Im Folgenden werden mit der **SWOT-Analyse**, der **Lebenszyklusanalyse** und der **Gap-Analyse** idealtypisch drei besonders wichtige Verfahren zur strategischen Analyse herausgegriffen und ausführlich beschrieben. Dabei soll bereits an dieser Stelle auf die beiden folgenden **Besonderheiten** hingewiesen werden, die allen drei strategischen Tools gemein sind:

- Die verschiedenen Analyseverfahren dienen insgesamt zur Bestimmung der eigenen Position eines Unternehmens. Dabei zeichnen sie sich insbesondere durch ihre **allgemeingültige Vorgehensweise** in Bezug auf strategische Fragestellungen aus. Aus diesem Grund sind die Anwendungsgebiete keinesfalls auf die informationellen Aufgaben des Strategischen Marketing einzuschränken. Vielmehr erfolgt die hier gewählte Zuordnung in die Prozessphase der strategischen Analyse entsprechend der dominierenden Sichtweise in der Marketing- und Management-Literatur sowie der Aufgaben- und Einsatzschwerpunkte in der Unternehmenspraxis.

- Alle drei Instrumente basieren auf dem zuvor bereits vorgestellten Grundsatz, dass die strategische IST-Situation eines Unternehmens sowohl durch die unternehmensinternen Gegebenheiten und Voraussetzungen als auch durch die externen Herausforderungen und Umweltfaktoren determiniert wird. Aus diesem Grund ist es für die strategische Analyse unabdingbar, beide Bereiche zu untersuchen und die entsprechenden Informationen in die anschließende Strategieentwicklung einfließen zu lassen.

4.2.2 SWOT-Analyse

Leitfragen:
- Welche Informationen sind für die Strategieentwicklung wichtig?
- Wie sieht die unternehmensinterne Ausgangssituation aus? Worin liegen die Stärken und Schwächen des Unternehmens?
- Welche Herausforderungen stellt der Markt bzw. die Unternehmensumwelt?
- Welche strategischen Optionen bieten sich aufgrund der momentanen und der zukünftigen Lage?
- Wie sollen die Stärken richtig eingesetzt werden?

4.2.2.1 Zielsetzung und Anwendungsgebiete

Die SWOT-Analyse ist das wohl bekannteste Tool im Bereich des Strategischen Marketing. SWOT ist ein englisches Akronym und die Anfangsbuchstaben stehen für:

- **S**: Strengths
- **W**: Weaknesses
- **O**: Opportunities
- **T**: Threats

Zu Deutsch ist die SWOT-Analyse eine Stärken-Schwächen-Chancen-Risiken-Analyse. In dieser Methode werden demnach sowohl **innerbetrieblichen Stärken und Schwächen** (Strengths – Weaknesses) als auch **unternehmensexterne Chancen und Risiken** (Opportunities – Threats) betrachtet, um die zukünftigen Handlungsfelder eines Unternehmens zu analysieren und abzustecken. Mit diesem Ansatz entspricht die SWOT-Analyse demnach idealtypisch dem bereits dargestellten Ansatz des Strategischen Marketing, bei der Strategieentwicklung eine möglichst optimale Anpassung zwischen den (internen) Voraussetzungen des Unternehmens und den (externen) Herausforderungen des Marktes und der globalen Unternehmensumwelt zu erzielen.

Ihre breite Anwendung erfährt die SWOT-Analyse insbesondere aufgrund ihrer **einfachen und flexiblen Methodik**. Sie ist ein weit verbreitetes Instrument zur Situationsanalyse und Strategieentwicklung. Für diese Einsatzfelder bietet sie ein Analyseraster und berücksichtigt dabei unternehmensinterne sowie -externe Rahmenbedingungen.

Aufgrund dieser allgemeinen Vorgehensweise ergeben sich sehr vielfältige Anwendungsgebiete. Neben einem Einsatz im Rahmen der strategischen Unternehmensplanung findet die SWOT-Analyse insbesondere zur Beantwortung marketingrelevanter Fragestellungen Anwendung, so beispielsweise im Rahmen der Produktpolitik, zur Positionierung einzelner Produkte oder Produktprogramme oder für die Festlegung der Markteinführung und Marktbearbeitung von Produkten. Auch eine Standortanalyse kann mit Hilfe einer SWOT-Analyse sinnvoll unterstützt werden, so dass sich vielfache Einsatzmöglichkeiten im Rahmen von Internationalisierungsstrategien eines Unternehmens ergeben. Zusammenfassend lässt sich sagen, dass eine

SWOT-Analyse im Grunde für sämtliche Fragen zur Anwendung kommen kann, bei denen ein Individuum in einem Umfeld agiert und Entscheidungen treffen muss.

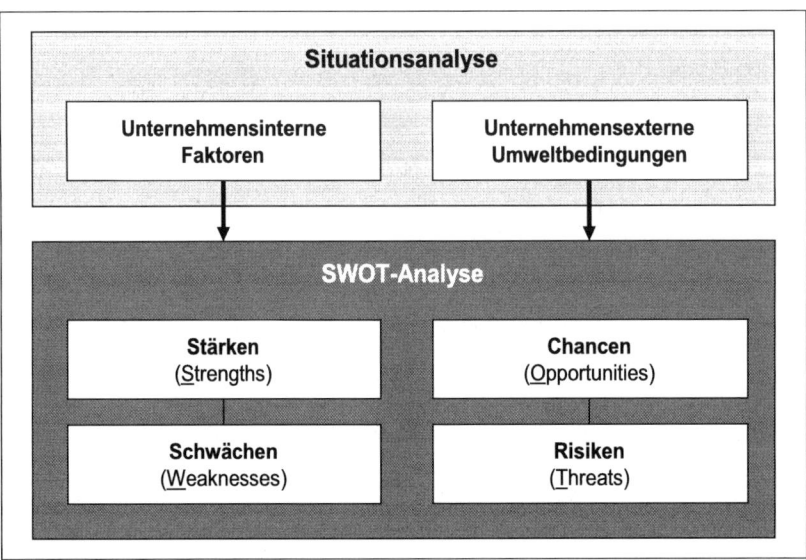

Abbildung 23: Aufbau der SWOT-Analyse

Ausgehend von diesen Anwendungsmöglichkeiten gilt es, die Grundstruktur sowie die Vorgehensweise einer SWOT-Analyse näher zu betrachten:
Der wesentliche Ansatz der SWOT-Analyse wird in der folgenden Überlegung zum Ausdruck gebracht: Erst das kombinierte Wissen von unternehmensinternen Stärken und Schwächen einerseits, sowie extern bedingten Chancen und Risiken auf der anderen Seite gewährleistet solide strategische Überlegungen. Diesem Grundsatz entsprechend **verknüpft** die SWOT-Analyse **ressourcenorientierte Denkmuster mit vertrieblichen Ansätzen**, indem sie die Gelegenheiten, welche die Umwelt bietet, den Fähigkeiten, die ein Unternehmen besitzt, gegenüberstellt. Entsprechend gliedert sich ihr Vorgehen, wie in der folgenden Abbildung dargestellt, in die Analyse interner und externer Kräfte sowie die Verknüpfung der Ergebnisse aus Unternehmens- und Umweltanalyse in einer **aggregierten Matrix**. Diese stellt dann die Basis zur Ableitung strategischer Optionen dar (vgl. Kerth, Asum 2008, S.179-181).

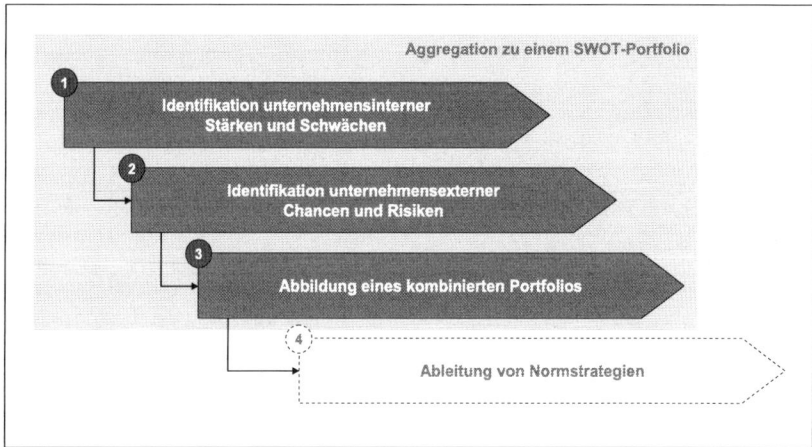

Abbildung 24: Idealtypische Vorgehensweise bei der SWOT-Analyse

4.2.2.2 Vorgehensweise

In einer relativ einfachen aber auch oberflächlichen Form kann eine SWOT-Analyse ohne spezielle Detail-Untersuchungen angewendet werden, indem Führungskräfte oder langjährige Mitarbeiter in Workshops und Diskussionsrunden eigenständig Stärken und Schwächen ihres Unternehmens oder Verantwortungsbereichs sowie Chancen und Risiken des Marktes beziffern und beschreiben. Der notwendige Input wird somit aus den eigenen Erfahrungen dieser Mitarbeiter gewonnen, wobei eine gewisse Betriebsblindheit sowie eine unvermeidlich subjektive Sichtweise bei einem solchen Vorgehen als Hauptkritikpunkte zu berücksichtigen sind.

Aus diesem Grund sollte ein SWOT-Portfolio im Rahmen detaillierter Analysen mit spezifischen Untersuchungsergebnissen gespeist werden. Im Folgenden werden hierzu verschiedene Ansätze vorgestellt und diskutiert, wobei diese Abhandlung der in der obigen Abbildung dargestellten Vorgehensweise der SWOT-Analyse entspricht.

➤ **Schritt 1: Identifikation von Stärken und Schwächen**

Die Identifikation von Stärken und Schwächen stellt den unternehmens-internen Teil der SWOT-Analyse dar. Die folgenden **Leitfragen** lassen das Hauptanliegen dieser Aufgabe erkennen:

- Welche Faktoren haben maßgeblich Einfluss auf den Unternehmenserfolg und die Erreichung unserer unternehmerischen Zielsetzungen?
- Was sind unsere Stärken?
- Was sind unsere Schwächen?
- Wo liegen wir in den relevanten Erfolgsfaktoren im Vergleich zu unseren Wettbewerbern?

In der Regel werden die Stärken und Schwächen des eigenen Unternehmens dabei **in Relation zu den wichtigsten Wettbewerbern** bewertet. Auf diese Weise kann die Aussagekraft der identifizierten Ergebnisse deutlich erhöht werden, denn erst aus einem Konkurrenzvergleich lassen sich spezifische Wettbewerbsvorteile und -nachteile identifizieren, aus denen sich die nutzbaren Potenziale und Gestaltungsmöglichkeiten für ein Unternehmen ableiten lassen.

Generell können verschiedene Instrumente zur Analyse der unternehmensinternen Ressourcen hinzugezogen werden und entsprechend als Input-Quelle für die SWOT-Analyse zum Einsatz kommen (z.B. Kernkompetenzanalyse, Wertkettenanalyse, Kostenstrukturanalyse etc.) (vgl. Kerth, Asum 2008, S.182). Die allgemeinste Methode zur Identifikation unternehmens-spezifischer Stärken und Schwächen stellt die gleichnamige Stärken-Schwächen-Analyse dar, deren wichtigste Aufgaben und Schritte sich wie folgt darstellen:

Die **Stärken-Schwächen-Analyse** besteht im Kern aus einem **Profilvergleich**, bei dem ausgewählte Erfolgsfaktoren des eigenen Unternehmens in Relation zu den wichtigsten Wettbewerbern bewertet werden. Diesem Grundsatz folgend, werden die Stärken und Schwächen eines Unternehmens in **drei Stufen** ermittelt:

- Identifikation der unternehmensspezifischen Erfolgsfaktoren
- Erstellung eines Ressourcenprofils
- Identifikation spezifischer Stärken und Schwächen in Relation zu den Wettbewerbern

Die Analyse und Festlegung der relevanten Erfolgsfaktoren orientiert sich maßgeblich an den beiden folgenden **Fragen**: (1) In welchen Bereichen müssen wir gut aufgestellt sein, um erfolgreich zu sein? (2) Welche Faktoren sind für die eigene Wettbewerbsfähigkeit besonders relevant?

Grundsätzlich bestehen zwei Möglichkeiten für die **Identifikation sinnvoller Bewertungskriterien** (vgl. Kerth, Asum 2008, S.110-11): Als erste Alternative lässt sich ein **Brainstorming** mit verantwortlichen Mitarbeitern und Führungskräften arrangieren, bei dem diese aus ihren eigenen Erfahrungen heraus die Erfolgsfaktoren ihres Unternehmens nennen und zusammenfassen. Die verschiedenen Vorschläge werden in Bezug auf ihre Relevanz diskutiert und auf Vollständigkeit überprüft. Als Ergebnis entsteht ein Kriterienkatalog, der in Form einer Checkliste die relevanten Bereiche und Informationsfelder für den anschließenden Beurteilungsprozess vorgibt.

Als Alternative besteht die Möglichkeit – ausgehend von einer allgemeingültigen Checkliste unternehmerischer Erfolgsfaktoren – einen **unternehmensindividuellen Kriterienkatalog** zu entwickeln. Häufig bilden verschiedene Modelle und theoretische Ansätze (z.B. das 7-S-Modell von McKinsey oder eine Analyse der Wertschöpfungskette) den Hintergrund dieser zunächst allgemeinen Kriterienkataloge. Diese werden Punkt für Punkt analysiert und auf den unternehmensspezifischen Kontext transferiert.

In der Praxis kommen beide Ansätze häufig ergänzend zum Einsatz: Ausgehend von einer allgemeinen Checkliste, die die wichtigsten Informationsbereiche widerspiegelt, werden die für das jeweilige Unternehmen relevanten Erfolgskriterien herausgefiltert, gegebenenfalls auf die unternehmensindividuellen Besonderheiten angepasst und durch weitere individuell wichtige Punkte ergänzt. Im Ergebnis liegt ein Kriterienkatalog vor, der eine vollständige und strukturierte Ressourcenanalyse ermöglicht.

Die folgende Übersicht zeigt beispielhaft Kriterien für eine Stärken-Schwächen-Analyse:

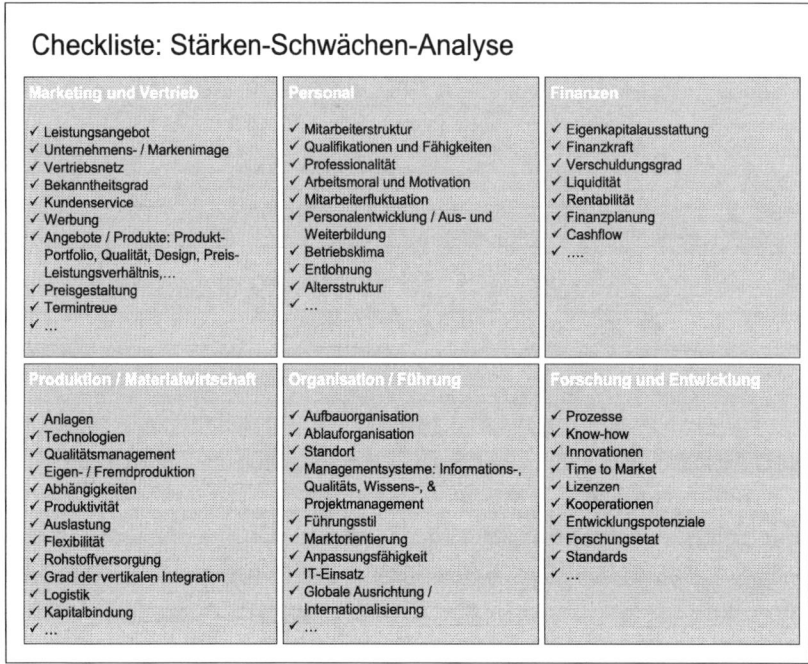

Abbildung 25: Informationsbereiche der Stärken-Schwächen-Analyse

Für die identifizierten Informationsbereiche müssen in einem nächsten Schritt die erforderlichen Informationen beschafft werden. Dafür können bereits vorliegende Daten ausgewertet werden (**Sekundärforschung**, siehe Kap. 3.2.1.1) oder es müssen neue Daten erhoben werden (**Primärforschung**, siehe Kap. 3.2.1.2).

Ferner müssen die erhobenen und gesammelten Daten bewertet werden. Ziel ist es, die Stärken bzw. Schwächen des Unternehmens zu bestimmen. Die **Bewertung** der vorhandenen Ressourcen und Kompetenzen als Stärken bzw. Schwächen kann grundsätzlich entweder auf der Basis subjektiver oder aber anhand nachprüfbarer Werte (Kennzahlen der Branche) erfolgen. Da beide Ermittlungsformen Vor- und Nachteile aufweisen, ist eine kombinierte Erfassung der Stärken und Schwächen sinnvoll. Dabei kann eine Bewertung sowohl durch Mitarbeiter und Kunden als auch durch allgemeine Informationen erfolgen.

Aus einem Vergleich der eigenen Stärken und Schwächen zu denen der wichtigsten Konkurrenten können in einem letzten Schritt die **spezifischen Wettbewerbsvorteile** eines Unternehmens identifiziert werden (vgl. Meffert 2008, S.234-236).

➢ Schritt 2: Identifikation von Chancen und Risiken

Im Rahmen der Chancen-Risiken-Analyse versucht das Unternehmen die unternehmensexternen Einflüsse zu identifizieren, die für die Planung der Unternehmensstrategien von Bedeutung sind.

Die folgenden Leitfragen lassen erkennen, dass es bei der Chancen-Risiken-Analyse im Kern darum geht, die relevanten Erfolgsfaktoren aus der Unternehmensumwelt zu erkennen und deren Bedeutung für das eigene Unternehmen abzuschätzen (vgl. Kerth, Asum 2008, S.117):

- Welche externen Faktoren beeinflussen unser Geschäft?
- Welche langfristigen Trends gilt es zu beachten?
- Wie entwickeln sich unsere relevanten Märkte und Branchen?
- Wie können wir die Tendenzen und Entwicklungen für uns sichtbar und nutzbar machen?

Ähnlich wie bei der Stärken-Schwächen-Analyse lässt sich auch die Chancen-Risiken-Analyse in ein **dreistufiges Vorgehen** gliedern:

- Identifikation wichtiger Einflussfaktoren aus der Unternehmensumwelt
- Beurteilung des erwarteten Einflusses der Umweltfaktoren auf das eigene Unternehmen
- Auswertung und Dokumentation

Zunächst geht es darum, die relevanten Informationsbereiche der Unternehmensumwelt zu bestimmen.

Wie bereits dargestellt, kann die Umweltanalyse hierzu in zwei Hauptbereiche unterteilt werden: Zum einen müssen Daten über die **globale Umwelt** (Makroumwelt) eines Unternehmens beschafft werden. Relevante Informationsbereiche sind hier beispielsweise die wirtschaftliche, ökonomische, soziokulturelle, politisch-rechtliche oder die technologische Umwelt. Auch wenn ein Unternehmen keinen direkten und unmittelbaren Einfluss auf diese Umweltbereiche ausüben kann, können von der globalen Umwelt dennoch **wichtige Herausforderungen für ein Unternehmen** ausgehen. So ergibt sich beispielsweise aus einer neuen technologischen Entwicklung die Chance einer effektiveren Produktion. Aus der folgenden Checkliste können wichtige Informationsbereiche der globalen Umwelt entnommen werden:

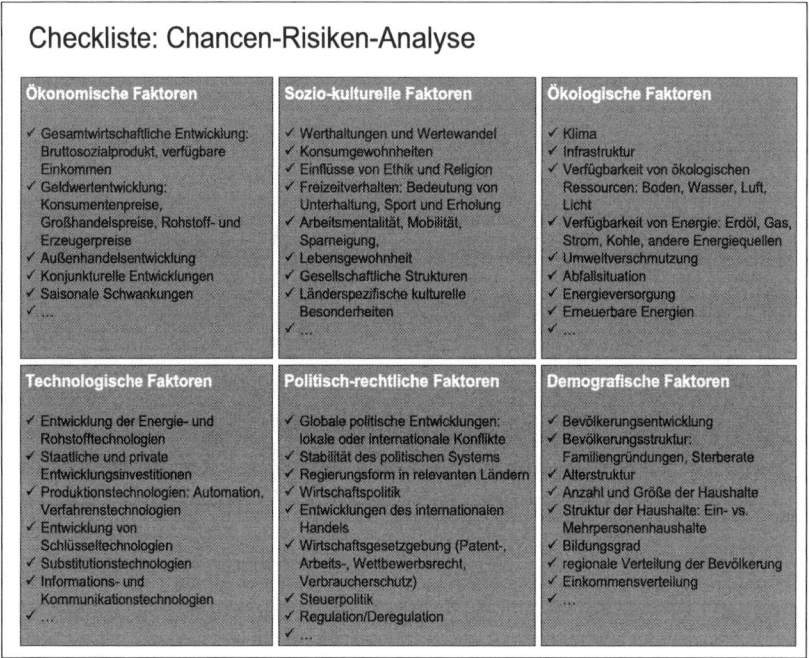

Abbildung 26: Informationsbereiche der globalen Umwelt

Neben der globalen Umwelt muss auch die **aktuelle Marktsituation** (Mikroumwelt) einer umfassenden Analyse unterzogen werden (vgl. Scharf, Schubert 2001). Hier geht es darum, alle wichtigen Daten und Informationen über die Kunden, Lieferanten, Absatzhelfer und -mittler sowie über die Wettbewerber zu beschaffen.

Folgende Übersicht stellt relevante Informationsbereiche der Mikroumwelt beispielhaft dar:

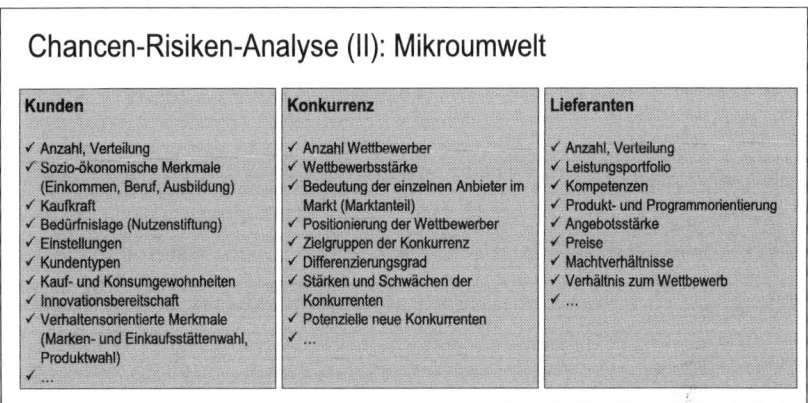

Abbildung 27: Informationsbereiche der Mikroumwelt

➤ **Ergebnisverknüpfung der Unternehmens- und Umweltanalyse**

Natürlich liefern sowohl die Stärken-Schwächen-Analyse als auch die Chancen-Risiken-Analyse bereits für sich allein genommen wichtige Informationen. Dem Kerngedanken der strategischen Planung entsprechend gewährleistet allerdings erst das kombinierte Wissen aus unternehmensinternen Möglichkeiten und externen Herausforderungen und Bedrohungen eine solide Grundlage für strategische Überlegungen. Der Kern der SWOT-Analyse besteht demnach in der **Zusammenfassung der internen Stärken und Schwächen sowie der externen Chancen und Risiken** in einer Matrix. Da für beide Dimensionen (intern vs. extern) jeweils zwei Ausprägungen existieren (Stärken/Schwächen vs. Chancen/Risiken), ergeben sich in Summe vier Kombinationsmöglichkeiten.

Entsprechend resultiert eine **Vier-Felder-Matrix**, die in der folgenden Abbildung gezeigt wird:

SWOT-Analyse	INTERNE ANALYSE	
	Strengths – S 1. ... 2. ... 3. ...	**Weaknesses – W** 1. ... 2. ... 3. ...
E X T E R N E **Opportunities – O** 1. ... 2. ... 3. ...	**S-O-Strategie** Verwende die Stärken und nutze die Chancen.	**W-O-Strategie** Bewältige die Schwächen durch Nutzung der Chancen.
A N A L Y S E **Threats – T** 1. ... 2. ... 3. ...	**S-T-Strategie** Verwende die Stärken, um Risiken zu vermeiden.	**W-T-Strategie** Minimiere die Schwächen und verhindere die Risiken.

Abbildung 28: SWOT-Portfolio

Die obige Abbildung lässt auch den bereits angesprochenen strategieentwickelnden Ansatz der SWOT-Analyse erkennen. Über ihre rein informations- und analysebezogene Aufgabe hinaus generiert die SWOT-Analyse **strategische Optionen**. Diese **SWOT-Normstrategien** entsprechen systematischen, strategischen Optionen, die jedoch weniger den Charakter konkreter Strategieanweisungen aufweisen, sondern vielmehr als grundlegende strategische Stoßrichtungen eines Unternehmens zu interpretieren sind, die sich aus der Komplexität externer Umweltbedingungen sowie des internen Leistungsvermögens ergeben.

Entscheidend für die Selektion zu verfolgender Strategien sowie einzusetzender operativer Maßnahmen und Instrumente ist entsprechend die Zusammenführung der relevanten Informationen beider Dimensionen. In der Matrix erfolgt hierzu zunächst die einfache Nennung der Stärken und Schwächen sowie der Chancen und Risken. Durch die Kombination der vier Felder können dann sehr einfach potenzielle Strategien abgeleitet werden:

- **S-O-Strategie:** Der erste Bereich möglicher Strategien sieht Wahrnehmung von Chancen durch die Nutzung der eigenen Stärken des Unternehmens vor.

  Beispielsweise kann der gesellschaftliche Trend zu umweltbewusstem Denken und Handeln durch das eigene Kompetenzfeld erneuerbarer Energien bedient werden. Für die zukünftige Entwicklung des Unternehmens leitet sich demnach die strategische Stoßrichtung ab, zukünftig verstärkt in diesem Bereich zu investieren.

- **W-O-Strategie:** Bei den W-O-Strategien steht ein gezielter Abbau der eigenen Schwächen im Mittelpunkt, um auf diese Weise die sich ergebenden Chancen des Marktes und der Umwelt nutzen zu können.

  Um den Unterschied zu den S-O-Strategien zu verdeutlichen, bleiben wir bei dem bereits zuvor gewählten Beispiel: Bisher fristete das Kompetenzfeld erneuerbare Energien in der unternehmerischen Außendarstellung aufgrund seines Neuheitsgrades nur ein Schattendasein und wurde meist zugunsten der historisch gesehen etablierten Bereiche vernachlässigt. Um die sich aus dem gesellschaftlichen Trend ergebenden Absatzchancen nutzen zu können, gilt es, diese Schwachstelle abzubauen und den Bereich erneuerbarer Energien auch in den Marketing- und Vertriebsaktivitäten stärker in den Mittelpunkt zu stellen.

- **S-T-Strategie:** S-T steht für Strengths and Threats. Sie versuchen, unter Einsatz der eigenen Stärken Umweltrisiken abzuschwächen.

  Beispielsweise kann man einem intensiven Verdrängungswettbewerb durch eine Spezialisierungsstrategie aus dem Weg gehen. Notwendig ist hierzu eine Fokussierung auf eine eigene Stärke (z.B. ein bestimmter Produkt- oder Sortimentbereich oder eine Technologie, bei der man im Vergleich zur Konkurrenz eine führende Position einnimmt), auf die sich dann alle unternehmerischen Aktivitäten konzentrieren.

- **W-T-Strategie:** Aufgrund der sehr kritischen Kombination aus Schwächen und Risiken weisen die W-T-Strategien ein hohes Gefahrenpotenzial auf. Sie versuchen, durch Abbau der eigenen Schwächen, Bedrohungen des Marktes abzuwenden oder zu minimieren.

  Bei einem geringen Bekanntheitsgrad des eigenen Unternehmens und einem gleichzeitig intensiven Wettbewerbsumfeld bestehen die strategischen Möglichkeiten eines Unternehmens beispielsweise in einer vermehrten Kommunikationsarbeit, um die Wahrnehmung des Unternehmens in den Zielgruppen zu erhöhen. Ergänzend und/oder alternativ könnte ein aggressives preispolitisches Vorgehen den Zugang zu den Zielmärkten ermöglichen.

Die SWOT-Analyse lässt sich zusammenfassend als **Strategieentwicklungsmodell** beschreiben, das eine Anpassung der internen Fähigkeiten mit den externen Möglichkeiten anstrebt. Eine **Bewertung** dieser Alternativen erfolgt **erst in einem weiteren Schritt**. In der Regel können jedoch nicht alle strategischen Optionen zeitnah umgesetzt werden. In einigen Lehrbüchern sowie Anwendungsbeispielen aus der Praxis wird die Auffassung vertreten, die Strategieentwicklung unter Berücksichtigung der externen Umweltsituation und der internen Unternehmenssituation müsse im Sinn eines Outside-In-Vorgehens vollzogen werden. Auch wenn die relevanten Schritte dieses Ansatzes im Vergleich zur SWOT-Analyse umgedreht vollzogen werden, entspricht auch diese Sichtweise der Grundidee, einen **Fit zwischen den externen Herausforderungen und den internen Möglichkeiten** anzustreben und entsprechende strategische Optionen abzuleiten.

4.2.2.3 Vor- und Nachteile des Verfahrens

Ergänzend zu dem gerade genannten Einwand, sind die folgenden Vor- und Nachteile beim Einsatz des Verfahrens der SWOT-Analyse zu berücksichtigen:

Vorteile	Nachteile
• Einfache Zusammenfassung möglicherweise komplexer Analysen • Übersichtliche Strukturierung • Universelle Anwendbarkeit	• Unterschiedlicher Zeitbezug der beiden Dimensionen: Die Analyse interner Ressourcen ist vorwiegend eine reine Ist-Betrachtung, wobei die externen Umweltbedingungen häufig für die Zukunft prognostiziert werden • Mitunter schwierige Datenbeschaffung • Gefahr mangelnder Objektivität • Quantifizierbarkeit der Faktoren kann schwierig sein

Abbildung 29: Kritische Bewertung der SWOT-Analyse

4.2.3 Lebenszyklus-Analyse

Leitfragen:

➤ Wie viel Potenzial steckt in meinem Produkt?
➤ Wann sollte ich welche (Marketing-)Maßnahmen einsetzen?
➤ Welchen Absatz/ Umsatz/ Gewinn kann ich erwarten?
➤ Welche Kundengruppen spreche ich mit meiner Innovation an?

4.2.3.1 Zielsetzung und Anwendungsgebiete

Neben der SWOT-Analyse stellt auch die Lebenszyklusanalyse ein wichtiges Instrument sowohl für die Situationsanalyse als auch für die Vorbereitung und Unterstützung strategischer und operativer Entscheidungen dar.

Ihren **Ursprung** findet die ökonomische Lebenszyklusanalyse **in der Evolutionstheorie**. Das evolutionstheoretisch fundierte Gesetz vom „Werden und Vergehen" biologischen Lebens wurde hierzu auf wirtschaftliche Fragestellungen übertragen. Als Betrachtungsobjekte kommen dabei grundsätzlich verschiedene Konstrukte in Frage. So werden beispielsweise die Lebenszyklen von Märkten, Unternehmen, Branchen, Technologien oder Produkten betrachtet. Der Anwendungsschwerpunkt dieses Ansatzes liegt in der Analyse von einzelnen Produkten oder Produktgruppen, so dass sich der Begriff des Produktlebenszyklus (PLZ) fest etabliert hat (vgl. Benkenstein 1997, S.52).

Das Modell des Produktlebenszyklus (PLZ) stellt ein **zeitbezogenes Marktreaktionsmodell** dar und umfasst die Zeitspanne, in der sich ein Produkt respektive eine Dienstleistung am Markt befindet. Das Konzept beruht auf der Annahme, dass ein Produkt von dessen Markteinführung bis zur Elimination bestimmten (zeitbezogenen) Gesetzmäßigkeiten unterliegt.

Das Modell wird als **Informationsgrundlage für produkt- und programmpolitische Entscheidungen** eingesetzt. Je nach Position im PLZ können Rückschlüsse auf zukünftig zu erwartende Entwicklungen der Produkte gezogen werden. Zudem lassen sich Hinweise über die erforderliche Art und Intensität des Einsatzes der Marketing-Instrumente ableiten.

Der PLZ wird idealtypisch in **fünf Phasen** unterteilt. Grundlage der Phaseneinteilung ist die **Veränderung des Umsatzes bzw. des Absatzes im Zeitablauf.** Idealtypisch wird folgender ertragsgesetzlicher (glockenförmiger) Kurvenverlauf unterstellt, der zwischen fünf alternativen Lebenszyklusphasen differenziert. (Mitunter finden sich in der Literatur auch PLZ-Modelle, die eine Differenzierung in nur vier Phasen vornehmen, wobei die Kernaussage des Modells unabhängig von der Phasenanzahl den folgenden Ausführungen entspricht) (vgl. Becker 1998, S.725-732; Benkenstein 1997, S.52-55).

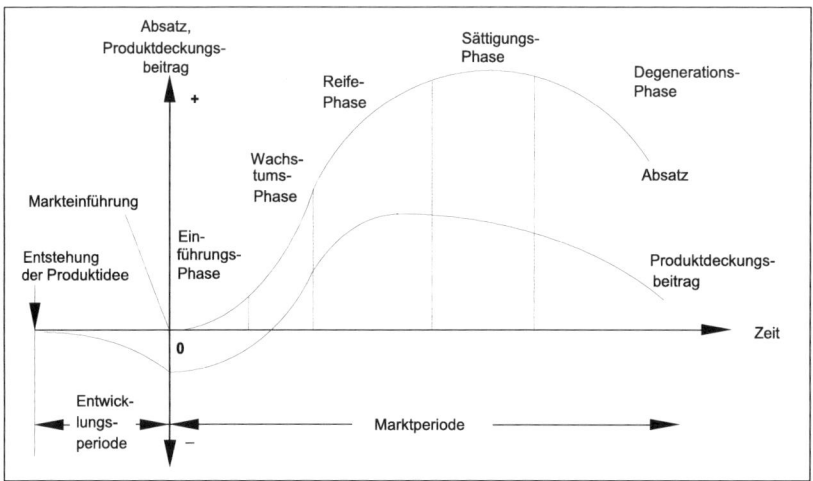

Abbildung 30: Phasen im Produktlebenszyklus (PLZ)

- **Einführungsphase:** Der Lebenszyklus beginnt mit der Markteinführung eines Produktes. Das Produkt ist für den Markt noch neu und es ist häufig zu beobachten, dass seitens der Konsumenten noch ein Widerstand gegen das neue Erzeugnis vorliegt. Die Intensität des Marktwiderstandes hängt ebenso wie die Länge dieser ersten Phase vor allem vom **Innovationsgrad** des Produktes ab. Aus diesem Grund lassen sich zu Beginn nur **geringe Umsätze** erzielen. Dem niedrigen Umsatz stehen jedoch **hohe Kosten** gegenüber, die für die Produktion und den Aufbau der Vertriebsnetze anfallen. Zudem sind bei der Markteinführung normalerweise **intensive Kommunikationsmaßnahmen** notwendig (Werbung, Verkaufsförderungsmaßnahmen etc.) und die Kosten für den Innovationsprozess sind noch zu decken. Es kann meist **noch kein Gewinn** realisiert werden. Die Marketingaktivitäten sollten sich in dieser Phase darauf konzentrieren, Bekanntheit und Akzeptanz für das neue Produkt zu erlangen.

- **Wachstumsphase:** Kennzeichen der Wachstumsphase ist ein **überdurchschnittlicher Umsatzzuwachs**. Da sich zudem **Kostendegressionen** realisieren lassen (vor allem durch höhere Ausbringungsmengen) nimmt auch der Gewinn deutlich zu. Der erzielbare Gewinn lockt gleichzeitig zunehmend **mehr Konkurrenten** an. Entsprechend sollten die Marketingmaßnahmen vor allem auf die Schaffung klarer Präferenzen ausgerichtet sein, um so eine klare Vorzugsstellung für das eigene Angebot aufzubauen.

- **Reifephase:** Der **Umsatz steigt absolut an**. Grenzumsatz sowie **Gewinn** sind jedoch aufgrund des zunehmenden Wettbewerbs **rückläufig**. Während der Reifephase sind die Anzahl der Wettbewerber und damit die **Konkurrenz maximal**. Ziel der Unternehmen muss es in dieser Phase sein, den **eigenen Marktanteil zu verteidigen**. Die operativen Maßnahmen zielen insbesondere auf den **Aufbau einer Produkt- bzw. Markentreue** ab. Zudem kann versucht werden, sich durch **Produktdifferenzierungen** (Einführung zusätzlicher Varianten) von den Erzeugnissen anderer Wettbewerber abzuheben.

- **Sättigungsphase:** Der **Umsatz** ist aufgrund von Marktsättigung und zunehmenden Preiskämpfen **nach dem Höhepunkt absolut rückläufig** (negativer Grenzumsatz). Auch der Gewinn geht weiter zurück und erreicht am Ende der Sättigungsphase teilweise schon die Verlustschwelle. Die Marketingaktivitäten richten sich entweder darauf, den PLZ zu verlängern oder sie zielen zumindest darauf ab, den Umsatz- bzw. Absatzrückgang aufzuhalten.

- **Degenerationsphase:** Die letzte Phase im PLZ ist durch **weiter sinkende Umsätze** und **stark steigende Kosten** gekennzeichnet, so dass schließlich **Verluste** realisiert werden. Da ein Revival in der Degenerationsphase nur selten gelingt, steht für das Unternehmen die Entscheidung über die **Elimination des Produktes** an. In der Regel steht bei einer solchen Entscheidung ein **Nachfolgeprodukt** meist schon in der Pipeline.

Die bisherigen Ausführungen haben stark auf die produktspezifischen Charakteristika der einzelnen Phasen im PLZ sowie die sich daraus ergebenden Hinweise für die strategische Ausrichtung sowie die operativen Maßnahmen des eigenen Unternehmens abgestellt. Einen deutlichen Informations- und Erkenntnisgewinn erfährt das Modell, indem zusätzlich diffusionsspezifische Untersuchungen hinzugezogen werden (vgl. Becker 1998, S.726-727). Gegenstand der **Diffusionsforschung** ist die **Analyse der Ausbreitung von Innovationen**, wobei die **Verhaltensmerkmale der Abnehmer** einer Innovation im Mittelpunkt der Analysen stehen. Im Kern geht es dabei um die Innovationsbereitschaft der potenziellen Kunden, die definiert ist als die Zeitspanne zwischen der Produkteinführung im Markt und dem ersten Kauf. Aus dieser Betrachtung lassen sich den verschiedenen Phasen des PLZ **idealtypische Käufergruppen** zuordnen. In der folgenden Abbildung ist auch diese Übernahmeverteilung der Abnehmer grafisch dargestellt:

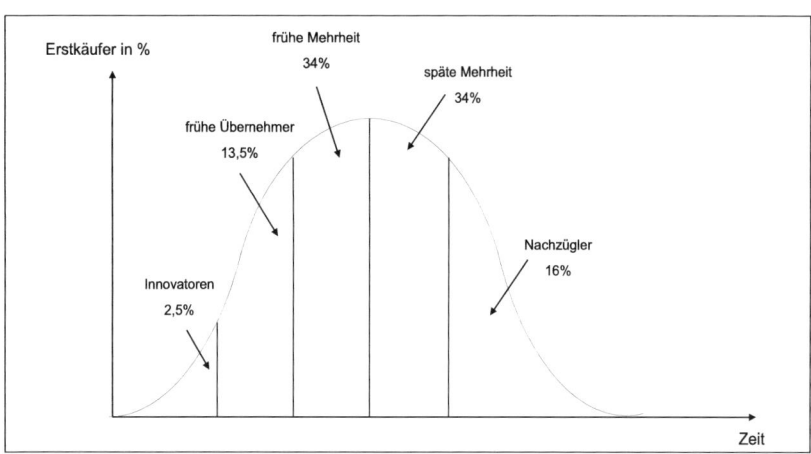

Abbildung 31: Kundengruppe und ihre Übernahmezeit von Innovationen

Empirische Untersuchungen zeigen, dass sowohl diejenigen, die eine Innovation sehr schnell übernehmen (**Innovatoren**) als auch die Abnehmergruppen, die sich für den Erstkauf eines neuen Produktes sehr viel Zeit lassen (**Nachzügler** oder Laggards), die **Minderheit in der Abnehmerschaft** darstellen. Demgegenüber machen jene Abnehmergruppen, die mittlere Übernahmezeiten bevorzugen (frühe und späte Mehrheit) zusammen immerhin einen Abnehmeranteil von etwa zwei Drittel aus.

Für die strategische Planung eines Unternehmens ist die zusätzliche Betrachtung der Kundengruppen vor allem unter dem Gesichtspunkt einer **systematischen Steuerung der Marketing- und Vertriebsaktivitäten** von Bedeutung. So gilt es, in einem frühen Stadium der Markteinführung vor allem die Innovatoren zu identifizieren und diese gezielt anzusprechen. Im Gegensatz zu den Innovatoren, die sich möglichst sofort für den Kauf einer Marktneuerung entscheiden, zeichnen sich die anderen Käufergruppen nämlich zunächst durch eine gewisse Kaufzurückhaltung aus. Für ihre Kaufentscheidung sind neben einer gewissen zeitlichen Präsenz eines Produktes am Markt vor allem die Hinweise und Empfehlungen der Innovatoren ausschlaggebend, um sich für oder gegen den Kauf einer Innovation zu entscheiden. Entsprechend wichtig für die Ausbreitung eines neuen Produktes ist es demnach, möglichst schnell möglichst viele Innovatoren anzusprechen und von den eigenen Leistungen zu überzeugen, da deren (hoffentlich positive) **Mund-zu-Mund-Propaganda** den Markterfolg der Innovation maßgeblich beeinflusst. Eine entscheidende Aufgabe in der Einführungsphase des PLZ ist demnach auch in der **Identifikation innovationsbereiter Käufergruppen** zu sehen. Im B-to-B-Bereich stellen die eigenen Innovationstätigkeiten der potenziellen Kunden sowie deren FuE-Aufwendungen (die aus den Geschäftsberichten zu entnehmen sind) wichtige Hinweise für die Innovationsbereitschaft der betrachteten Unternehmen dar.

4.2.3.2 Vorgehensweise und notwendiger Input

Das Lebenszykluskonzept dient insgesamt der **Bestimmung der eigenen Position einer Unternehmung respektive eines Produktes**. Aufgrund dieser Charakterisierung erfolgte auch die Zuordnung des Modells zu den Verfahren der strategischen Analyse. Grundsätzlich wird dabei unterstellt, dass ein Produkt (ein Markt, eine Technologie oder eine Branche) im Zeitablauf eine bestimmte Entwicklung durchläuft, deren Phasen durch bestimmte (produkt-, wettbewerbs- und kundenspezifische) Merkmale geprägt sind.

Um diese Entwicklung im Zeitablauf analysieren und abbilden zu können, sind demnach die entsprechenden **Daten über die jeweiligen Absatz-, Umsatz-, Gewinn- und Kostenverläufe** notwendig. Auch Informationen über die **Abnehmer- und Wettbewerbssituation** sind erforderlich. Damit das

Lebenszyklus-Konzept auch seine planerische Aufgabe erfüllen kann, reicht es dabei jedoch nicht aus, diese Informationen nur auf einer historischen Betrachtung zu stützen. Vielmehr kommt es ganz entscheidend auch darauf an, zukünftige Entwicklungen des Produktes sowie des Marktes abzuschätzen.

Zunächst ist eine Lebenszyklusanalyse durch **unternehmensinterne Sekundärdaten** zu speisen, wobei das Rechnungswesen und Controlling die wichtigsten Informationsquellen darstellen. So fundieren **Kennzahlen aus dem Vertrieb** (wie z.B. Verkaufszahlen, Kundenabwanderungen etc.) die Lebenszyklusanalyse mit wichtigen quantitativen Daten. Neben einer möglichst exakten Abbildung bisheriger Entwicklungen (vergangenheitsbezogene Betrachtung) liefern diese Daten auch eine wichtige **Basis für die Prognose zukünftiger Entwicklungen**, die in der Regel in Form von Trendextrapolationen durchgeführt werden.

Ergänzend sind zudem verschiedene **Primärquellen** einzusetzen. Dabei liefern zunächst Interviews mit unternehmenseigenen Experten (v. a. marktnah-operierende Mitarbeiter) wichtige Informationen. Von Bedeutung sind zudem auch Einschätzungen externer Fachleute, um ein möglichst umfassendes Bild zu erhalten. Auch Benchmark-Daten können in eine PLZ-Analyse einfließen. So versucht man im Rahmen eines Wettbewerbsvergleichs die Zukunftsfähigkeit der eigenen Produkte abzuschätzen, indem man Umsatzentwicklungen, Kundenzufriedenheitsdaten oder andere Kennzahlen gegenüber stellt (vgl. Kerth, Asum 2008, S.13).

4.2.3.3 Vor- und Nachteile des Verfahrens

Die gerade dargestellten Ausführungen lassen erneut den für die strategische Analyse wichtigen Kerngedanken erkennen, der für die gleichzeitige Berücksichtigung unternehmensinterner sowie externer Informationen plädiert. Dass auch das Verfahren der Lebenszyklusanalyse diesem Grundgedanken entspricht, lässt sich als eine wesentliche Stärke dieses Analyse-Tools interpretieren.

Ergänzend ergeben sich aus einer kritischen Diskussion die folgenden Vor- und Nachteile dieses Verfahrens.

Vorteile	Nachteile
• Mit Hilfe dieses Ansatzes können Wettbewerbsdynamik und Entwicklungs-potenzial eines Marktes erkannt werden • Stellt eine gute Quelle für Produkt-entscheidungen im Zusammenhang mit weiteren Analysen dar • Bietet eine wichtige Entscheidungsgrundlage im Rahmen der Lebenszykluskostenrechnung	• Phasen sind durch Marketing-maßnahmen, Produktinnovationen und strategische Umorientierungen beeinflussbar, somit nur bedingt als Planungsinstrument geeignet • Länge der Phasen werden von einer Vielzahl von Faktoren beeinflusst, die für jedes Produkt und jede Branche unterschiedlich sind • Ergebnisse einer Planung nach diesem Modell sind meist konservative Produkt-strategien, in denen sich Befürchtungen selbst erfüllen

Abbildung 32: Kritische Bewertung der Lebenszyklusanalyse

4.2.4 Gap-Analyse

Leitfragen:

- Erreichen wir unsere strategischen Ziele, wenn wir so weitermachen wie bisher?
- Gibt es Abweichungen zu den gesetzten Zielvorgaben?
- Worin bestehen die Lücken zur festgelegten Strategie?
- Welche strategischen und operativen Maßnahmen sollten ergriffen werden, um eine identifizierte Lücke zu schließen?

4.2.4.1 Zielsetzung und Anwendungsgebiete

Die Gap-Analyse (Gap = Lücke) stellt ein klassisches Verfahren des Strategischen Marketing dar. Dieses Instrument stellt zu verschiedenen Zeitpunkten **Planwerte einer bestimmten Zielgröße** (z.B. Umsatz, Absatz, Gewinn oder Anzahl verkaufter Produkte) und die tatsächlich erreichten **Ist-Werten** der entsprechenden Größe **gegenüber**, um auf diese Weise Abweichungen zwischen den strategischen Zielsetzungen und der operativen Entwicklung zu identifizieren.

Aus dieser zunächst groben Charakterisierung wird deutlich, dass das Verfahren neben Analyse- auch Steuerungsfunktionen erfüllt: Die Gap-Analyse bietet eine Ausgangsbasis für die Bestimmung möglicher Ursachen von Abweichungen sowie **Anhaltspunkte für strategische sowie operative Maßnahmen**, die das Unternehmen ergreifen kann (und sollte), um die identifizierten Lücken zu schließen (vgl. Kerth, Asum 2008, S.254 f.).

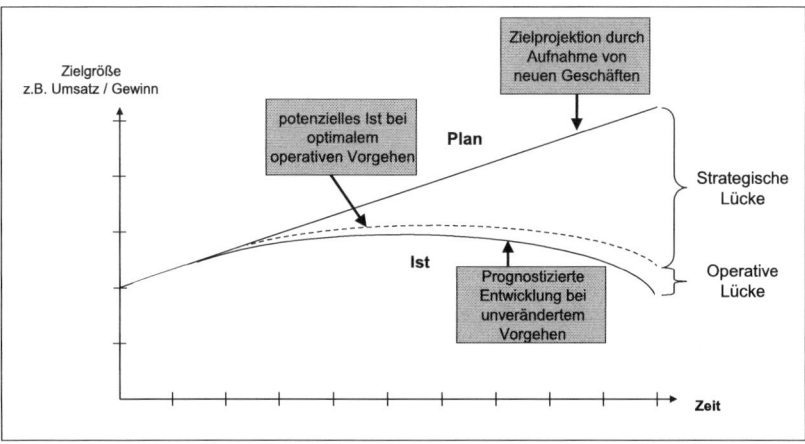

Abbildung 33: Gap-Analyse

Dabei wird aus der obigen Abbildung ersichtlich, dass die Analyse zwischen einer operativen und einer strategischen Lücke unterscheidet: Die **operative Lücke** bildet Abweichungen zwischen der prognostizierten Entwicklung bei unverändertem Vorgehen und der prognostizierten Entwicklung bei optimalem, das heißt strategiekonformen Vorgehen ab. Demgegenüber zeigt die **strategische Lücke** Differenzen zwischen der möglichen Entwicklung bei optimalen (strategiekonformen) Vorgehen und den geplanten Soll-Größen auf.

Neben dieser Verschiedenheit unterscheiden sich operative und strategische Lücken auch in Bezug auf die Handlungsanweisungen, die zur Schließung der jeweiligen Lücken erforderlich sind. So lässt sich eine operative Lücke durch eine **Optimierung des Basisgeschäftes** ausgleichen. Meist handelt es sich hierbei um eine Anpassung der taktischen Aktivitäten (z.B. Anpassung der Preise) oder es werden Maßnahmen ergriffen, um die Basisaufgaben schneller, günstiger, einfacher oder hochwertiger zu gestalten.

In Abgrenzung hierzu kann eine strategische Lücke nur durch **zusätzliche strategische Maßnahmen** geschlossen werden. Um diese zu entwickeln nutzen Unternehmen sehr häufig die marktfeldstrategischen Möglichkeiten von Ansoff, die ebenfalls im Rahmen dieses Buches näher betrachtet werden.

4.2.4.2 Vorgehensweise

Ausgehend von diesen einführenden Erläuterungen ergibt sich für die Gap-Analyse das in der folgenden Abbildung dargestellte idealtypische Vorgehen:

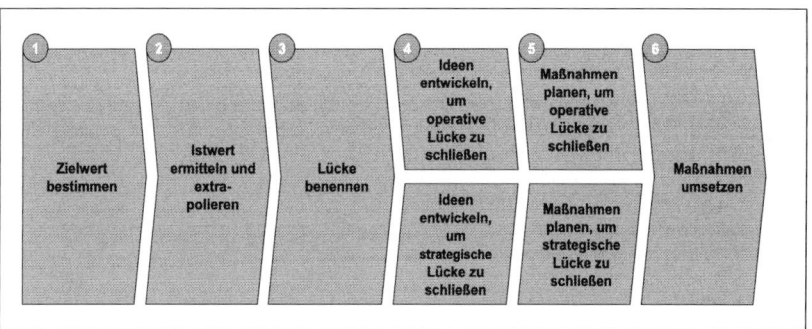

Abbildung 34: Vorgehensweise bei der Gap-Analyse

In einem ersten Schritt gilt es, die **Zielwerte** zu **bestimmen**, die den geplanten Erfolg des Unternehmens abbilden, wobei das Verfahren eine Eingrenzung auf quantitative Zielgrößen vorsieht. Diese Ergebniszielsetzungen, die sich immer auf einen bestimmten Plan-Zeitraum von beispielsweise ein, drei oder fünf Jahren beziehen, werden anschließend als Ziellinien in einem Diagramm grafisch veranschaulicht. Um die Gap-Analyse tatsächlich als nützliches Planungs- und Steuerungsinstrument verwenden zu können, ist es enorm wichtig, mit möglichst realistischen Zielwerten zu arbeiten. Hierzu ist es notwendig, auch Erwartungen über Umwelt- und Branchenentwicklungen zu berücksichtigen und in die Analyse einfließen zu lassen.

Als nächstes wird, ausgehend von den aktuellen Zahlen, die zu erwartende **Entwicklung der Ist-Werte prognostiziert** (Hochrechnung der Zukunftswerte aus den aktuellen Jahresergebnissen).

Aus einem Vergleich von Plan- und Ist-Werten sind **mögliche Lücken** zu **identifizieren** und zu analysieren. In einem nächsten Schritt müssen dann Ideen entwickelt werden, um die Lücken zu schließen, die anschließend in Form konkreter **Maßnahmenpläne** operationalisiert werden. Als letzte Aufgabe wird ein solcher Maßnahmenkatalog inhaltlich gegliedert, so dass anhand von Aufgabenpaketen, Meilensteinen und Verantwortlichkeiten die abgeleiteten Maßnahmen umgesetzt werden können.

4.2.4.3 Vor- und Nachteile des Verfahrens

Ausgehend von diesen Ausführungen zur Vorgehensweise einer Gap-Analyse ist eine kritische Beurteilung des Verfahrens möglich. Die wichtigsten Vor- und Nachteile sind hierzu in der folgenden Übersicht dargestellt:

Vorteile	Nachteile
• Fundierung von Maßnahmen und Programmen auf Abweichungen von Soll/Plan • Zielorientierung durch Überprüfung der Alternativen • Weit verbreitetes Instrument • In vielen Unternehmen Ausgangspunkt der strategischen Planung	• Sehr grobes Analysemodell als Bestandsaufnahme, benötigt in der Weiterverarbeitung komplexere Modelle • Die Lücke zwischen Plan und Ist verringert die Glaubwürdigkeit der eigenen Planung • Stellt nur eindimensional und unvollständig die strategische Stoßrichtung dar

Abbildung 35: Kritische Beurteilung der Gap-Analyse

Schlüsselwörter

Strategische Analyse, SWOT-Analyse, Stärken-Schwächen-Analyse, Chan-cen-Risiken-Analyse, Wettbewerbsvergleich, Lebenszyklusanalyse (PLZ), Gap-Analyse

Aufgaben zur Lernkontrolle

- Worin sehen Sie die wesentlichen Aufgaben der strategischen Analyse?
- Warum ist es so wichtig, im Rahmen der strategischen Analyse gleichzei-tig sowohl die unternehmensinternen als auch die externen Gegebenheiten zu berücksichtigen?
- Führen Sie beispielhaft eine SWOT-Analyse für Ihren Verantwortungsbe-reich (bzw. Ihr Produkt) durch.
- Was sind die Vor- und Nachteile einer Lebenszyklus-Analyse?

Literatur zur Vertiefung

- Backhaus, K. (2003): Industriegütermarketing, 7. Auflage, Vahlen, Mün-chen
- Becker, J. (1998): Marketing-Konzeption. Grundlagen des strategischen und operativen Marketing-Managements, 6. Auflage, Vahlen, München
- Becker, J. (1999): Das Marketing-Konzept. Zielstrebig zum Markterfolg, Deutscher Taschenbuch Verlag, München
- Benkenstein, M. (1997): Strategisches Marketing. Ein Wettbewerbs-orientierter Ansatz, Kohlhammer, Stuttgart, Berlin, Köln
- Kerth, K.; Asum, H. (2008): Die besten Strategietools in der Praxis, 3. Auflage, Hanser, München
- Welge, M. K., Al-Laham A. (2003): Strategisches Management. Grund-lagen - Prozess - Implementierung, 4. Auflage, Gabler, Wiesbaden

4.3 Strategische Planung

Die Phase der strategischen Planung stellt den Kernbereich des Strategischen Marketing dar. Ausgehend von den in der Analysephase gewonnenen Informationen und Erkenntnissen über das Unternehmen und seine Umwelt gilt es, Strategien zu entwickeln, die der Erreichung der gesetzten strategischen Zielsetzungen dienen.

Bevor im Folgenden exemplarisch verschiedene Verfahren zur Strategieentwicklung vorgestellt werden, gilt es zunächst, einige Grundlagen zu erläutern. Hierzu werden nachfolgend die wichtigsten Aufgaben und Inhalte der strategischen Planung vorgestellt.

Einleitend sollen zu diesem Zweck die wichtigsten **Prinzipien der strategischen Planung** diskutiert werden. Dabei lässt sich die Bedeutung dieser Richtlinien für die Strategieentwicklung wie folgt erklären: Auch wenn die Entwicklung strategischer Handlungsanweisungen immer auch ein gewisses Maß an Kreativität erfordert, sollten gewisse Prinzipien berücksichtigt werden, die ein systematisches Vorgehen ermöglichen und gleichzeitig das Risiko, Fehlentscheidungen zu treffen, minimieren. Die Management-Literatur verweist hierzu größtenteils vor allem auf die folgenden Richtlinien (vgl. Welge, Al-Laham 2003, S.317-325):

- **Aufbau von Stärken und Vermeidung von Schwächen:** Eine Strategie sollte grundsätzlich darauf ausgerichtet sein, die eigenen Stärken des Unternehmens zu nutzen und gleichzeitig mögliche Schwächen zu vermeiden. In diesem Prinzip findet sich also der Grundgedanke der SWOT-Analyse wieder. Während es kurzfristig also durchaus sinnvoll und Erfolg versprechend ist, sich auf die eigenen Stärken zu fokussieren und diese in den Mittelpunkt des unternehmerischen Handelns zu stellen, sollte langfristig auch nach geeigneten Möglichkeiten zur Minimierung und zum Abbau der eigenen Schwachstellen gesucht werden. Nur so kann sicher vermieden werden, dass sich aus den aktuellen Schwächen zukünftig existenzgefährdende Bedrohungen entwickeln.
- **Konzentration der Kräfte:** Dieser Grundsatz zielt auf ein fokussiertes Vorgehen ab – angesichts knapper Ressourcen ist eine klare Zuteilung der finanziellen, personellen und sachlichen Mittel auf die unterschiedlichen

Geschäftsbereiche notwendig. Dies erfolgt in der Regel nach einer **Priori-tätsrangfolge**, wobei das Erfolgspotenzial des geplanten strategischen Vorhabens das entscheidende Kriterium darstellt, um die Rangfolge der Aktivitätsschwerpunkte festzulegen. Nach dem Grundsatz einer Konzent-ration der Kräfte werden dann nur diejenigen Projekte gefördert, denen ein hohes Erfolgspotenzial zugeordnet wird. Auf diese Weise soll eine Verzettelung der Kräfte in unattraktive Segmente oder nicht zielführende Projekte vermieden werden.

▪ **Aufbau und Ausnutzung von Synergiepotenzialen:** Die Realisierung von Synergien wurde lange Zeit als ein zentrales Ziel der Unternehmens-strategie angesehen. Im Kern geht es darum, durch die Abstimmung ver-schiedener Einzelaktivitäten eine Gesamtwirkung zu erzielen, die größer ist als die Summe der Einzelwirkungen (**2+2=5 Effekt**). Bezogen auf den hier relevanten Bereich der strategischen Planung bedeutet dies, dass ein erfolgreiches strategisches Konzept eines Unternehmens einer konsequen-ten Bündelung der verschiedenen strategischen Optionen auf mehreren (bzw. allen) strategischen Ebenen bedarf. Für eine optimale Strategiewahl reicht es demnach nicht aus, nur eine einzelne strategische Ebene zu be-trachten. Vielmehr lassen sich die erhofften Synergieeffekte nur durch ei-ne **mehrdimensionale Strategiefestlegung (=Strategiekombination)** er-reichen. Konkret bedeutet dies, dass die strategischen Optionen der ein-zelnen Geschäfts- und Funktionsbereiche aufeinander abzustimmen sind, um ein beständiges, integratives Agieren des Unternehmens auf allen Ebenen zu erreichen.

Aufbauend auf diesen Ausführungen zu den wesentlichen Prinzipien der stra-tegischen Planung soll nun der Frage nachgegangen werden, welche Strate-giearten unterschieden werden können.

Zur Beantwortung dieser Frage ist zunächst der Hinweis wichtig, dass prinzi-piell eine fast unüberschaubare Vielzahl an Strategietypen und -arten exis-tiert.

Ein erster Ansatz, dieses Strategiespektrum zu systematisieren, stellt die folgende Typologie dar (vgl. Kreikbaum 1997, S.58):

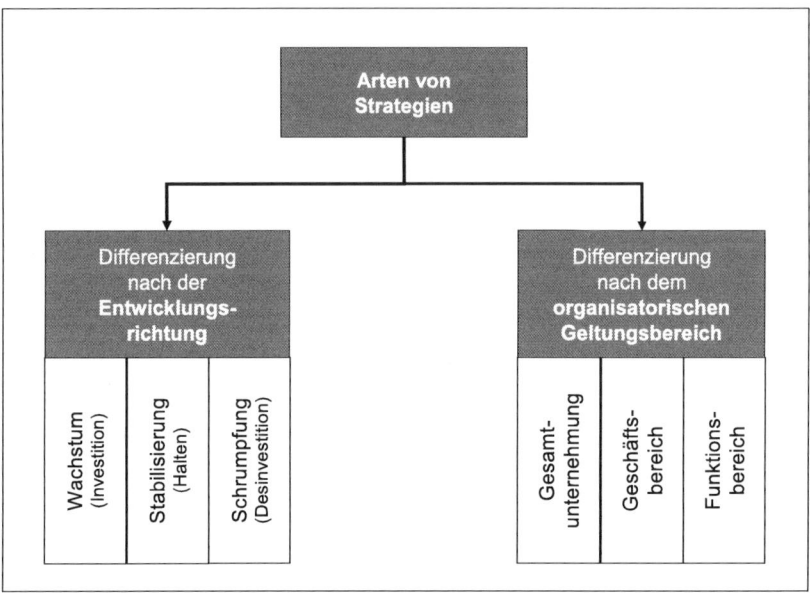

Abbildung 36: Ebenen des Strategiespektrums

Die obige Abbildung zeigt zum einen eine **Differenzierung nach der grundsätzlichen Richtung der Unternehmensentwicklung.** In enger Analogie zu militärischen Situationen werden hierbei häufig aggressive, defensive oder Rückzugsstrategien unterschieden. Übertragen auf die Strategieentwicklung von Unternehmen ist eine Differenzierung zwischen Wachstums-, Stabilisierungs- und Schrumpfungsstrategien sinnvoll, um die langfristige Entwicklungsrichtung eines Unternehmens zu charakterisieren (vgl. Welge, Al-Laham 2003, S.327).

Ergänzend zu einer Unterscheidung verschiedener Strategieoptionen nach der grundsätzlichen Entwicklungsrichtung ist eine **ebenenspezifische Differenzierung** notwendig bzw. hilfreich. Diese trägt der Tatsache Rechnung, dass sich das strategische Marketing zum einen auf das gesamte Unternehmen beziehen kann - man spricht in solchen Fällen auch von Unternehmensgesamtstrategien oder **corporate strategies**. Zum anderen erstreckt sich der

Geltungsbereich strategischer Entscheidungen häufig auf kleinere organisatorische Einheiten. Im Fall divisional gegliederter Unternehmen werden beispielsweise Geschäftsbereichsstrategien (**business strategies**) entwickelt und umgesetzt. Zudem werden typischerweise Strategien für die einzelnen Funktionsbereiche (**functional area strategies**) formuliert. So können auf dieser organisatorischen Ebene beispielsweise Produktionsstrategien, Forschungs- und Entwicklungsstrategien, Investitionsstrategien, Personalstrategien oder Marketingstrategien unterschieden werden.

In Bezug auf diese ebenenspezifische Differenzierung sei an dieser Stelle noch folgende wichtige Anmerkung zu ergänzen: In der zuvor geführten Diskussion relevanter Prinzipien für die Strategieentwicklung wurde auf die Notwendigkeit eines Aufbaus von Synergiepotenzialen verwiesen. Übertragen auf die verschiedenen organisatorischen Ebenen lässt sich hieraus die Forderung ableiten, die einzelnen Geschäftsbereichs- und Funktionsbereichsstrategien auf ihren Beitrag zur Verwirklichung der Gesamtunternehmensstrategie hin zu überprüfen.

In Analogie zu den vorangegangen Ausführungen zur strategischen Analyse werden auch in den nun folgenden Ausführungen verschiedene Verfahren und Instrumente des strategischen Managements vorgestellt. Als ein entscheidendes Wesensmerkmal und gleichzeitig als Abgrenzung zu den zuvor beschriebenen Tools besteht eine gemeinsame Klammer dieser Verfahren darin, dass Sie sich schwerpunktmäßig auf die Strategieentwicklung beziehen. Dabei sollen mit der **Balanced Scorecard** als Unternehmensstrategie, der **Portfolio-Analyse** als Instrument zur Steuerung und Koordination von Geschäftsbereichen und den **Marktfeldstrategien nach Ansoff** (Funktionsbereichsstrategien) alle drei zuvor unterschiedenen organisatorischen Ebenen idealtypisch durch jeweils ein Verfahren vertreten sein.

4.3.1 Balanced Scorecard

Leitfragen:
- Wie lassen sich die entwickelten Strategien in den Arbeitsalltag integrieren und umsetzen?
- Wie können wir Prozesse und Projekte unter Berücksichtigung der entwickelten strategischen Stoßrichtungen steuern?
- Wie lässt sich der Erfolg unserer Maßnahmen kontrollieren und steuern?

4.3.1.1 Zielsetzung und Anwendungsgebiete

Die Balanced Scorecard (BSC) wurde 1992 von Robert S. Kaplan und David P. Norton eingeführt. Das Modell der BSC fungiert als **Kontroll- und Steuerungsinstrument** für das Management, indem die kaum greifbare **Strategie und Vision in konkrete Größen und messbare Ziele heruntergebrochen** und übersichtlich dargestellt wird. Dabei soll das Blickfeld des Managements von einer traditionellen finanziellen Sichtweise auf alle relevanten Bereiche gelenkt werden und dadurch ein ausgewogenes (balanced) Bild schaffen. Die Planung und Festlegung von Zielen, ausgehend von der übergeordneten Strategie, wird auf diese Weise schlüssig. Durch die Abrichtung der strategischen Maßnahmen untereinander entsteht Klarheit über die einheitliche Richtung: die Erreichung der Vision. Die BSC bietet umfassende Steuerungsmöglichkeiten. Alle unternehmenswichtigen Ziele und deren Erreichungsgrad werden im Rahmen kontinuierlicher Prozesse zentral kontrolliert, im Zeitablauf beobachtet und in einem ständigen Dialog mit den Mitarbeitern werden Maßnahmen abgeleitet, die den Unternehmenserfolg steigern. Auf diese Weise ist es auch möglich, bei möglichen Abweichungen zu den Zielvorgaben, rechtzeitig geeignete Gegenmaßnahmen einzuleiten und umzusetzen.

Die Balanced Scorecard besteht üblicherweise aus vier Perspektiven, die jeweils mit entsprechenden Kennzahlen charakterisiert werden. Die typischen **Perspektiven** des Standardmodells sind:

- Finanzperspektive
- Kundenperspektive
- Interne Prozessperspektive
- Lern- und Entwicklungsperspektive

Die vorgegebenen Perspektiven bilden in der Regel die bedeutendsten Faktoren des Unternehmens ab. Da die BSC aber sehr geschäftsspezifisch ist, können die Perspektiven je nach Branche und Zusammenhang umgestaltet bzw. um weitere Perspektiven ergänzt werden (z.B. Lieferantenperspektive etc.).

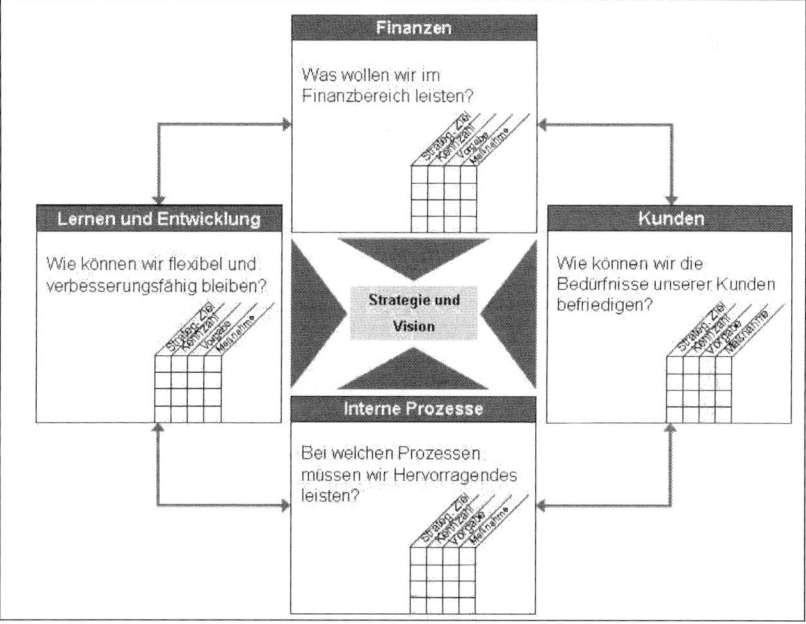

Abbildung 37: Das Grundmodell der Balanced Scorecard

Die Kennzahlen der einzelnen Perspektiven bilden eine **Balance zwischen extern orientierten Messgrößen** für die Gesellschafter und Kunden (z.B. Gewinn, Kundenzufriedenheit) **sowie intern orientierten Messgrößen für die Gesamtsteuerung** (z.B. Deckungsbeitrag, Mitarbeiterproduktivität). Zudem sollten die Kennzahlen ein Gleichgewicht zwischen den Ergebnissen vergangener Tätigkeiten und Kennzahlen, welche zukünftige Leistung antreiben, darstellen. **Finanzielle und nichtfinanzielle Größen** werden ebenfalls in den Perspektiven aufgeführt. Die finanziellen Kennzahlen werden über Ursache-Wirkungsketten mit den wesentlichen Aspekten der anderen Perspektiven verknüpft. Auf diese Weise werden alle vier Perspektiven in einem **Ursache-Wirkungs-Modell** miteinander verbunden und die Zusammenhänge und Abhängigkeiten sichtbar. Aus den definierten Kennzahlen werden Zielwerte abgebildet, die erreicht werden sollen. Mittels Zielvereinbarungen mit den Mitarbeitern können die entsprechenden Maßnahmen zugeordnet und umgesetzt werden. Das Ergebnis ist eine gemeinsame Erreichung der angestrebten Vision unter Zusammenarbeit mit sämtlichen Mitarbeitern.

4.3.1.2 Vorgehensweise

Die folgende Darstellung gibt die wesentlichen Schritte und somit die Vorgehensweise für den Einsatz der Balanced Scorecard im Rahmen der strategischen Planung eines Unternehmens wider.

Abbildung 38: Vorgehensweise bei der Einführung einer Balanced Scorecard

Insgesamt können sieben Schritte unterschieden werden, deren wichtigste Aufgaben im Folgenden näher beschrieben werden:

➢ **Schritt 1: Perspektiven festlegen**
Zunächst sind im ersten Schritt die Perspektiven der BSC festzulegen. Diese können je nach Branche und Unternehmensphilosophie von den typischen Perspektiven abweichen. Im Anschluss ist die Reihenfolge der Perspektiven zu definieren. Dabei ist zu klären welche Perspektive am Ende der gesamten

Wirkungskette steht und von den Erfolgen der übrigen Perspektiven abhängt. Dementsprechend sind die Perspektiven nacheinander zu verketten.

> ➤ **Schritt 2: Strategische Ziele innerhalb der jeweiligen Perspektiven aus der Strategie ableiten**

Im zweiten Schritt sind aus der Strategie jeweils ca. fünf strategische Ziele für jede Perspektive abzuleiten.

Bei der **Finanzperspektive** geht es im Wesentlichen um wichtige finanzwirtschaftliche Stellhebel für das Unternehmen. Sämtliche Perspektiven münden am Ende in die Finanzperspektive, denn dort spiegeln sich die Einzelerfolge der jeweiligen Perspektive in Form von Finanzkennzahlen wieder. Die zu definierenden Unterziele müssen zusammen mit Führungskräften aus dem Bereich Finanzen/Controlling individuell für das Unternehmen erarbeitet werden. Beispiele für Ziele im Finanzbereich sind z.B. Produktivität steigern, Wertschöpfung erhöhen, Kosten senken, Umsatz steigern usw.

Die **Kundenperspektive** betrachtet das Unternehmen von außen. Sie beschreibt, welches Kundenverständnis das Unternehmen haben muss, um die Strategie erfolgreich umzusetzen. Typische Ziele sind z.B. Kundenbindung erhöhen, Kundenzufriedenheit steigern, Reputation und Image aufbauen, Kundenakquisition erhöhen usw.

Die **interne Prozessperspektive** konzentriert sich auf die Abläufe im Unternehmen. Dabei geht es um die Ermittlung der Prozesse, bei denen das Unternehmen ausgezeichnet aufgestellt sein muss, um die Ziele der vorangestellten Perspektiven zu erreichen. Die folgenden Beispiele können exemplarisch die Ziele dieser internen Prozessperspektive verdeutlichen: Produkt- und Qualitätssicherung ausbauen, Innovationsgrad erhöhen, Lieferzeit minimieren usw.

Die **Lern- und Entwicklungsperspektive** beschreibt Ziele zur Förderung eines lernenden und wachsenden Unternehmens. Dabei geht es um die Zukunftsfähigkeit und das langfristige Überleben des Unternehmens. Ziele sind z.B. Mitarbeiterzufriedenheit steigern, Mitarbeiterpotenzial fördern, Motivation steigern usw.

> ➤ **Schritt 3: Ursache-Wirkungs-Beziehungen ausbauen**

In diesem Schritt sind die zuvor definierten strategischen Ziele miteinander zu verknüpfen. Dabei wird deutlich, welche Ziele von welchen Zielen abhängig sind. Jedes Ziel muss in einer Kette verbunden sein, die ihr Ende in einem finanzwirtschaftlichen Ziel findet.

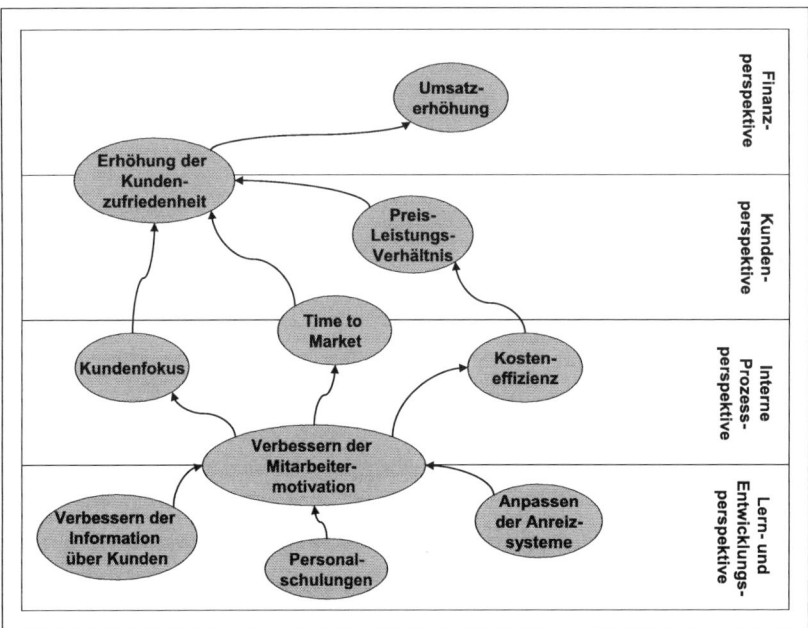

Abbildung 39: Beispielhaftes Ursache-Wirkungsdiagramm

> **Schritt 4: Messgrößen auswählen**

Im vierten Schritt geht es darum, konkrete Kennzahlen zu entwickeln, welche die definierten Zielsetzungen am besten zum Ausdruck bringen und vermitteln. Die Kennzahlen dienen der Messbarkeit und der **Operationalisierung** zur strategischen Zielerreichung. Können strategische Ziele nicht durch Kennzahlen ausgedrückt werden, sind diese nicht operationalisierbar. Dabei ist es wichtig für jede Kennzahl die Häufigkeit der Erhebung und die Verantwortlichkeit festzulegen, um die Ermittlung in das Berichtswesen zu integrieren und das Funktionieren der BSC zu gewährleisten.

> **Schritt 5: Zielwerte festlegen**

Im Folgeschritt sind gemeinsam mit den Kennzahlenverantwortlichen die Ziele festzulegen. Diese sollten zwar ehrgeizig, aber dennoch erreichbar sein, da sonst die Motivation der verantwortlichen Mitarbeiter schwindet.

➤ **Schritt 6: Maßnahmen festlegen und Verantwortliche benennen**

In diesem Schritt sind die Maßnahmen zu bestimmen, um die festgelegten Ziele zu erreichen. Diese sind dann Bereichen bzw. Abteilungen zuzuordnen, um die Umsetzung sicherzustellen.

➤ **Schritt 7: Kontinuierlichen Einsatz sicherstellen und in die tägliche Arbeit integrieren**

In diesem letzten Schritt wird die BSC in die tägliche Arbeit aufgenommen. Durch Zielvereinbarungen können Teilziele direkt auf Einzelpersonen übertragen werden. Die Zielerreichung wird dann am Jahresende überprüft, so dass der Erfolg der Strategieumsetzung messbar gemacht wird. Dadurch wird jeder Mitarbeiter mit einbezogen und kann seinen Beitrag zur Erreichung der Vision leisten. Die BSC wird als Strategieprozess verstanden und somit sind die Maßnahmen, Ziele und auch die Strategie auf Gültigkeit zu prüfen und eventuell anzupassen.

4.3.1.3 Vor- und Nachteile des Verfahrens

Die Balanced Scorecard ist ein sehr komplexes Instrument und ihre Erstellung deshalb sehr zeitaufwendig. Wie in der folgenden Abbildung dargestellt überwiegen allerdings die Vorteile.

Vorteile	Nachteile
• Reduziert die Komplexität der unternehmensinternen Prozesse und Ziele • Kommunikation der kaum greifbaren Strategie • Transparenz auch für externe Anspruchsgruppen (z.B. Aufsichtsräte) • Gesamte Strategie aus „einem Guss" durch logische Ableitung der Vision bis hin zu den konkreten Maßnahmen • Betrachtet sämtliche erfolgsrelevanten Unternehmensfaktoren, nicht lediglich die finanziellen Ergebnisse	• Sehr komplexes Instrument, erfordert eine hochgradig maßgeschneiderte Abstimmung auf das Unternehmen • Zeitaufwendige Erstellung • BSC muss im Unternehmen verankert sein und vom Management getragen werden

Abbildung 40: Kritische Beurteilung der Balanced Scorecard

4.3.2   Portfolio-Analyse

Leitfragen:
- Wie erfolgreich ist das eigene Geschäftsportfolio am Markt positioniert?
- Wie sollen die begrenzten Mittel auf die verschiedenen Geschäftseinheiten verteilt werden?
- Wie erreiche ich ein ausbalanciertes Portfolio von kapitalbedürftigen und kapitalerzeugenden Geschäftseinheiten?
- Wie kann ich beurteilen, ob sich eine Investitionsentscheidung in eine bestimmte strategische Geschäftseinheit lohnt?

4.3.2.1   Das Portfolio-Konzept der Boston Consulting Group

Der Portfolio-Ansatz ist die wahrscheinlich am weitesten verbreitete Methode im strategischen Management. Die Grundidee ist es, ein Instrument einzusetzen, das es erlaubt, Unternehmensbereiche – so genannte **strategische Geschäftseinheiten (SGE)** – zu steuern. In Anlehnung an Wertpapierportfolios soll eine **optimale Mischung von Produkten und Produktgruppen** hinsichtlich des Investitionsbedarfs und des Ertrags erfolgen. Ziel ist es, **Normstrategien** für die einzelnen strategischen Geschäftseinheiten abzuleiten. Die Portfolio-Analyse stellt ein Verfahren zur Unterstützung von strategischen Entscheidungen in diversifizierten Großunternehmen dar, indem sie eine **Analyse der Produkt-Markt-Kombinationen** ermöglicht.

Die Ursprungsform der Portfolio-Analyse wurde von dem Beratungsunternehmen Boston Consulting Group **(BCG-Portfolio)** entwickelt und besteht aus einer Vier-Felder-Matrix. Hierbei wird die umfeldbezogene Größe „Marktwachstum" der unternehmensbezogenen Größe „relativer Marktanteil" gegenüber gestellt. Es findet sich also auch hier eine Gegenüberstellung interner sowie externer Informationen. Die strategischen Geschäftseinheiten werden dann gemäß ihrer Werte in Bezug auf diese beiden Dimensionen in die Portfolio-Matrix eingezeichnet.
Der **relative Marktanteil** ergibt sich für eine einzelne strategische Geschäftseinheit, indem der Umsatz der strategischen Geschäftseinheit ins Verhältnis zum Umsatz des größten Wettbewerbers gesetzt wird. Das Kriterium

des **Marktwachstums** ist ein Ausdruck der Attraktivität eines Marktes und lässt sich über das Absatz- bzw. Umsatzpotenzial eines Marktes operationalisieren.

Als dritte, ergänzende Größe kann die **Umsatzbedeutung** der jeweiligen Geschäftseinheit Berücksichtigung finden. In der folgenden Abbildung, welche die Grundstruktur einer BCG-Matrix wiedergibt, wird die Umsatzbedeutung der einzelnen SGEs durch die Größe des Kreisumfangs dargestellt (vgl. Becker 1998).

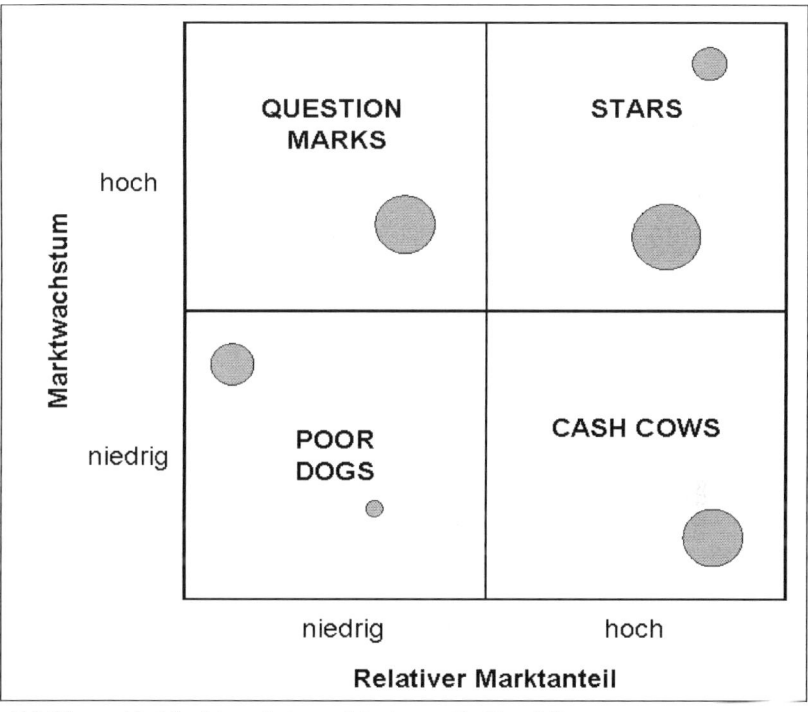

Abbildung 41: Marktwachstums-Marktanteils-Portfolio

Die Position der Produkte bzw. der SGE innerhalb der vier Felder gibt Auskunft über den Investitionsbedarf bzw. hilft bei der Ableitung der Normstrategien. Die SGE werden mit den Feldnamen belegt, daraus werden schließlich Handlungsstrategien abgeleitet, die eine deutliche Affinität zum Modell des Produktlebenszyklus erkennen lassen. Die Merkmale der vier Felder sowie die daraus abzuleitenden strategischen Empfehlungen lassen sich wie folgt charakterisieren (vgl. Becker 1998, S.425-428):

- **QUESTION MARK (Fragezeichen):** Die Produkteinheit befindet sich in der Einführungs- bzw. in der frühen Wachstumsphase. Entsprechend zeichnet sie sich durch ein hohes Marktwachstum und einen niedrigen relativen Marktanteil aus und weist daher einen **hohen Finanzmittelbedarf** aus. Als Normstrategien stehen zwei Alternativen zur Verfügung, die in Abhängigkeit von den Erfolgschancen der SGE zu wählen sind: Wenn die Produkteinheit erfolgversprechend ist, sollte investiert werden, um den Marktanteil zu erhöhen **(Offensiv- bzw. Investitionsstrategie)**. Handelt es sich um eine weniger erfolgversprechende Einheit, sollte in diese nicht weiter investiert werden **(Desinvestitionsstrategie)**.

- **STAR (Stern):** Von einem Star spricht man, wenn die Einheit einen großen relativen Marktanteil und ein großes Marktwachstum aufweist. Sie lässt sich insofern der Wachstumsphase zuordnen. Als Normstrategie empfiehlt es sich zu investieren, um am Marktwachstum teilzunehmen und den Marktanteil zu halten oder sogar ausbauen zu können **(Wachstumsstrategie)**.

- **CASH COW (Milchkuh):** Bei einem großen Marktanteil und einem (nur noch) geringen Wachstum spricht man von einer Cash Cow. Die SGE befindet sich in der späten Reifephase und verfügt über eine starke Marktstellung. Die Normstrategie zielt bei dieser Position darauf ab, den Marktanteil zu halten. Investitionen sollten in diesem Fall nicht mehr getätigt werden. Vielmehr sollten die hier entstehenden Überschüsse für die anderen Produktgruppen verwendet werden **(Gewinn- bzw. Abschöpfungsstrategie)**.

- **POOR DOG (Armer Hund):** Die SGE hat nur einen relativen geringen Marktanteil, und auch die Marktwachstumschancen sind nur als gering einzustufen. Die insgesamt schwache Marktstellung spricht dafür, dass sich die Produkteinheit in der Sättigungs- oder Rückgangphase befindet. Entsprechend sieht die Normstrategie vor, den Marktanteil zu senken oder die SGE zu verkaufen **(Desinvestitionsstrategie)**.

Insgesamt zeigt die Matrix die Notwendigkeit eines breit angelegten Portfolios auf:

- Stars stellen wichtige Erfolgsfaktoren dar und sichern die Zukunft.
- Cash Cows stellen Finanzquellen dar und liefern die notwendigen Mittel für künftiges Wachstum.
- Question Marks sollen sich nach Möglichkeit durch entsprechende Investitionen in Stars verwandeln.
- Poor Dogs sind nicht nötig und sollten daher möglichst schnell vom Markt genommen bzw. verkauft werden.

Diese Aussagen basieren im Kern auf einer zentralen Hypothese der BCG-Matrix:

Gewinn und Cashflow steigen mit zunehmendem Marktanteil durch die Wirksamkeit des Erfahrungskurveneffektes.

Mit steigendem relativen Marktanteil erhöht sich zwangsläufig auch die Ausbringungsmenge eines Produktes respektive einer SGE. Das **Konzept der Erfahrungskurve** besagt nun, dass mit wachsender Ausbringungsmenge die Stückkosten sinken: Bei jeder Verdopplung der kumulierten Ausbringungsmenge nehmen die Stückkosten um einen bestimmten Prozentsatz, die sogenannte Erfahrungsrate, ab. Diese Degressionsrate liegt im Schnitt zwischen 20 und 30%. Dabei werden die folgenden Aspekte als **Ursachen** für die Abhängigkeit zwischen Ausbringungsmenge und Stückkosten angeführt (vgl. Kerth, Asum 2008, S.18-22):

- **Kostenvorteile aufgrund von Größenvorteilen:** Economics of Scale (fixe Kosten können auf mehr Produktionseinheiten verteilt werden, erhöhte Produktionsmengen führen zu einer gesteigerten Einkaufsmacht, die sich positiv auf die Einkaufskonditionen auswirkt)
- **Kostendegression aufgrund von Produktionserfahrungen:** Lernprozesse der Arbeiter, effizientere Produktionsprozesse (Methoden- und Systemrationalisierung)

Das Konzept der Erfahrungskurve ist in der folgenden Abbildung grafisch dargestellt:

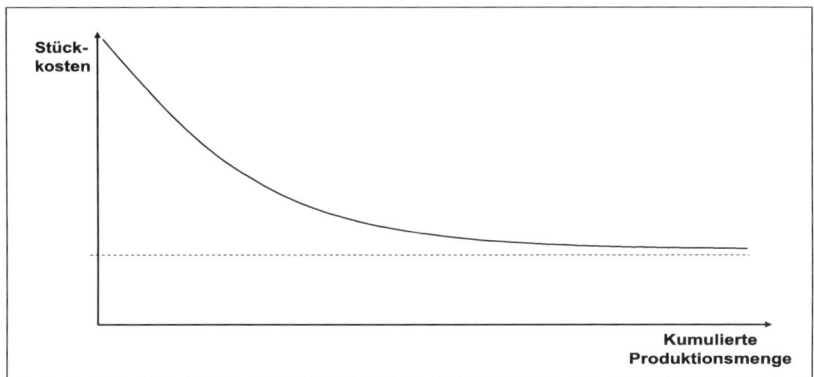

Abbildung 42: Das Konzept der Erfahrungskurve

Wie bereits einleitend dargestellt, erfolgt die Übertragung des Konzepts der Erfahrungskurve auf den Portfolio-Ansatz der BCG über die Dimension des Marktanteils, genauer über den Zusammenhang zwischen relativen Marktanteil und Ausbringungsmenge. Zur besseren Veranschaulichung visualisiert die folgende Grafik diesen Zusammenhang zwischen den beiden strategischen Konzepten:

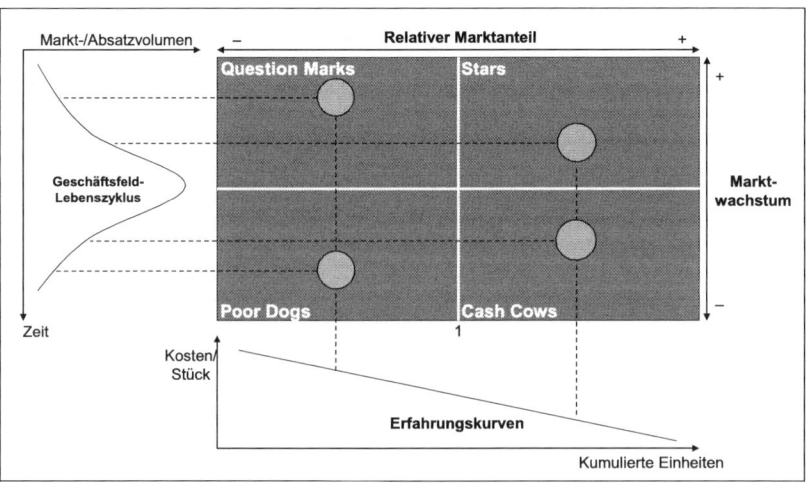

Abbildung 43: Das Konzept der Erfahrungskurve als Basis der BCG-Matrix

4.3.2.2 Vorgehensweise

Ausgehend von diesen Ausführungen zum Kerngedanken und den grundlegenden Annahmen des BCG-Portfolios lässt sich für die praktische Anwendung dieses Verfahrens im Rahmen der strategischen Planung eines Unternehmens folgendes idealtypisches Vorgehen definieren:

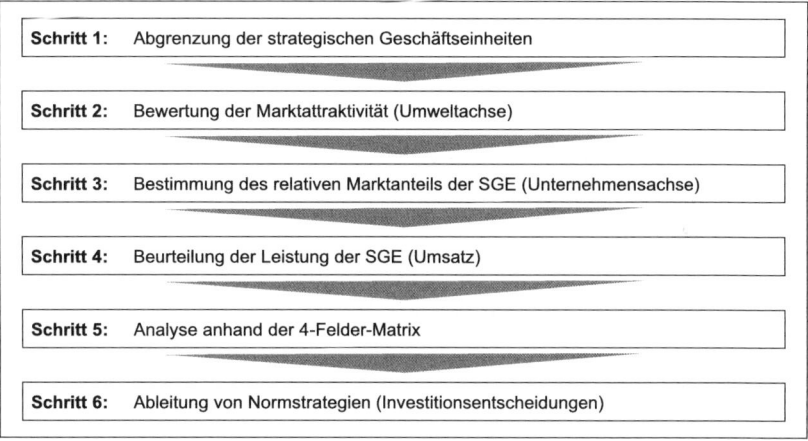

Abbildung 44: Vorgehensweise beim BCG-Porfolio

4.3.2.3 Vor- und Nachteile des Verfahrens

Der offensichtliche Vorteil der Portfolio-Analyse nach dem Konzept der Boston Consulting Group besteht darin, dass sie sehr anschaulich und leicht zu operationalisieren ist: Die Faktoren, die die strategische Ausrichtung eines Unternehmens beeinflusscn, werden auf lediglich zwei Faktoren verdichtet. Gleichzeitig stellt diese Vereinfachung auch den zentralen Kritikpunkt dieses Verfahrens der strategischen Planung dar. In unterschiedlichen Weiterentwicklungen dieses Ansatzes (z.B. 9-Felder-Portfolio der Unternehmensberatung McKinsey) werden daher weitere Einflussfaktoren berücksichtigt, und es erfolgt darüber hinaus eine genauere Abstufung für die Einteilung der Achsen.

Aus der folgenden zusammenfassenden Beurteilung sind weitere Vor- und Nachteile ersichtlich.

Vorteile	Nachteile
• Einfaches Modell • Unkomplizierte Datenbeschaffung • Klare Visualisierung/hohes Kommunikationspotenzial • Solide Abbildung komplexer Strukturen mittels weniger, verdichteter Indikatoren • Sehr anerkanntes, etabliertes Strategieinstrument	• Auf Marktführer abgestellt (es müssen Cash Cows im Portfolio sein) • Unterstellte Beziehungen zwischen Gewinn und relativem Marktanteil in Realität unter Umständen nicht bestätigt • Abgrenzung der Geschäftseinheiten ggf. schwierig: müssen unabhängig sein • Nur zwei stark vereinfachte Kategorien pro Dimension/unklare Trennlinie • Starke Vereinfachung der Erfolgstreiber auf Marktwachstum und Marktanteil

Abbildung 45: Kritische Beurteilung des BCG-Portfolios

4.3.3 Marktfeldstrategien nach Ansoff

Leitfragen:
- Welche verschiedenen Wachstumsmöglichkeiten bieten sich für unser Unternehmen?
- Wie sieht eine geeignete Produkt-Markt-Kombination für unser Unternehmen aus?
- Wie erfolgt die Auswahl der wachstumsstrategischen Optionen?

4.3.3.1 Zielsetzung und Anwendungsgebiete

Die Produkt-Markt-Matrix nach Ansoff unterstützt die **Konzeption von Wachstumsüberlegungen** eines Unternehmens. Hierzu unterscheidet das Verfahren zwei grundsätzliche Dimensionen, auf denen ein Unternehmen sich weiterentwickeln und wachsen kann: (1) Das eigene Produkt- und Leistungsprogramm und (2) die Märkte oder Marktsegmente auf denen es tätig ist bzw. in Zukunft sein wird.

Marktfeldstrategien legen entsprechend fest, mit welchen Produkten oder (Dienst-)Leistungen ein Unternehmen auf welchen Märkten tätig sein will. Die im Rahmen der Marktfeldstrategien generell möglichen **Produkt-Markt-Kombinationen** werden hierzu in Form einer **Vier-Felder-Matrix** dargestellt. Als theoretischer Rahmen bietet diese Matrix dem strategischen Management eine grundsätzliche Übersicht möglicher marktfeldstrategischer Optionen sowie anschließend die Abbildung und Einordnung der ausgewählten Wachstumskurse (vgl. Becker 1998, S.147-149).

Die Ansoff-Matrix findet insbesondere in der Planung von Marketingstrategien Anwendung, so dass es sich hier um ein typisches Verfahren zur **Entwicklung von Funktionsbereichsstrategien** handelt. Hierzu lassen sich Marketingprogramme mittels der Ansoff-Matrix relativ übersichtlich im Hinblick auf verschiedene Wachstumsrichtungen abstimmen. Sehr vereinfacht ausgedrückt beantwortet das Verfahren hierzu die folgenden Fragestellungen: Warum, wo und wie wachse ich? (vgl. Kerth, Asum 2008, S.187).
Die Ansoff-Matrix zeigt dem Unternehmen Wachstumsmöglichkeiten auf, die sich aus verschiedenen Kombinationen von Produkten und Märkten ergeben. Die Gliederung erfolgt zweidimensional, wobei zwischen bestehenden und neuen Produkten (Leistungen) auf der einen Seite sowie bestehenden und neuen Märkten auf der anderen Seite unterschieden wird. Im Ergebnis ergeben sich aus diesen Kombinationen vier mögliche Wachstumsstrategien, die in der folgenden Abbildung dargestellt werden:

Märkte / Produkte	gegenwärtig	neu
gegenwärtig	Marktdurchdringung	Marktentwicklung
neu	Produktentwicklung	Diversifikation

Abbildung 46: Produkt-Markt-Kombinationen nach Ansoff

4.3.3.2 Ableitung strategischer Wachstumsmöglichkeiten

➢ **Marktdurchdringungsstrategie**

Im Rahmen einer Marktdurchdringungsstrategie versucht ein Unternehmen mit den vorhandenen Leistungen, die Märkte, auf denen das Unternehmen bereits tätig ist, weiter zu durchdringen. Potenzielle **Möglichkeiten** der Marktdurchdringung sind (vgl. Kerth, Asum 2008, S.188 f.):

- **Abwerbung der Konkurrenzkunden** (z.B. durch eine konkurrenzorientierte Preisstellung oder durch eine Intensivierung der Werbung)
- **Intensivierung der Verwendung** bei bestehenden Kunden (z.B. durch eine Vergrößerung der Verpackungseinheiten oder durch eine Beschleunigung des Ersatzbedarfs)
- **Gewinnung von Kunden**, die das Produkt bisher noch nicht verwendet haben (z.B. über eine verbesserte Distribution oder eine stärkere Bekanntmachung des Produktes)

➢ **Marktentwicklungsstrategie**

Bei der Marktentwicklungsstrategie sollen für **vorhandene Leistungen neue Märkte** erschlossen werden. In Abhängigkeit von der Definition des bisher bearbeiteten Marktes können neue Märkte für ein Unternehmen aus räumlicher, verwendungsbezogener oder kundenbezogener Sicht gewonnen werden. Entsprechend bieten sich folgende strategische Optionen einer Marktentwicklung an (vgl. Becker 1998, S.152-155):

- **Neue (regionale) Markträume:** Das Unternehmen kann seine Aktivitäten räumlich ausdehnen. So kann beispielsweise ein Unternehmen, das seine Produkte bisher nur regional angeboten hat, seine Aktivitäten auf den überregionalen, nationalen oder internationalen Markt ausdehnen.
- **Schaffung neuer Verwendungszwecke:** Durch eine gezielte Ausweitung der Eignung eines Produktes über seine ursprüngliche Verwendung hinaus können neue Marktpotenziale erschlossen werden. Beispielsweise ist Sportbekleidung neben der ursprünglichen Nutzung seit einiger Zeit auch im Alltags- und Freizeitbereich angesagt (z.B. Turnschuhe, Jogginghosen und Leggins).
- **Gewinnung neuer Verwender:** Hier sollen für die bestehenden Produkte neue Zielgruppen bzw. Segmente erschlossen werden. Dies könnte beispielsweise durch leichte Modifikationen des Produktes oder der

Preisstellung erfolgen oder aber durch neue, abnehmerspezifische Absatzwege erfolgen.

➤ Produktentwicklungsstrategie

Die Produktentwicklung ist eine Strategie, um auf **vorhandenen Märkten zusätzlich neue Leistungen** anzubieten. Es geht hierbei also um die Erweiterung bzw. Optimierung des Absatzprogramms. Dabei kann es durchaus auch sinnvoll sein, degenerierte Produkte zu eliminieren. Entscheidungen im Rahmen der Produktenwicklungsstrategie hängen eng mit dem angestrebten Innovationsgrad eines Unternehmens zusammen. Grundlegend kann hierbei zwischen **echten Innovationen** (originäre Produkte, die es bisher so noch nicht gab – z.B. das erste Fahrrad), **quasi-neuen Produkten** (neuartige Produkte, die auf einer Veränderung oder Ausweitung der Eigenschaften bereits existierender Produkte bestehen – z.B. ein Mountainbike) oder sog. **Me-too-Produkten** (Nachahmungsprodukte, die sich vom Original meist nur marginal, z.B. durch die Namensgebung oder die äußere Gestaltung unterscheiden – z.B. der x-te Schokoriegel) unterschieden werden (vgl. Becker 1998, S.156-160).

➤ Diversifikationsstrategie

Die Strategie der Diversifikation ist mit Sicherheit die risikoreichste Variante, bietet allerdings auch die größten Wachstumspotenziale und sollte deswegen allein wegen der Risikogesichtspunkte nicht sofort abgelehnt werden. Unter Diversifikation ist die Betätigung einer Unternehmung mit **neuen Produkten auf** für sie **neuen Märkten** zu verstehen. Bei dieser Strategie sind drei Alternativen denkbar (vgl. Kerth, Asum 2008, S.190-192):

- **Horizontale Diversifikation:** Dabei wird das bisherige Produkt- und Leistungsprogramm um **verwandte Angebote** erweitert. Eine solche Verwandtschaft kann durch den Einsatz gleicher Verfahren bzw. Produktionstechnologien, gleicher Materialien und/oder durch gleiche Abnehmer gegeben sein. Beispiel: Ein Bierhersteller produziert neben seinen diversen Biersorten auch ein Fruchtsaftgetränk.
- **Vertikale Diversifikation:** Bei einer vertikalen Diversifikation wird eine Ausweitung des bisherigen Angebots um **vor- oder nachgelagerte Wirtschaftsstufen** vorgenommen. Die dahinter stehende Idee besteht darin, den eigenen Anteil an der gesamten Wertschöpfungskette zu erhöhen.

Ziel dabei ist es, das Absatz- und/oder Beschaffungsrisiko zu vermindern. Beispiel: Ein Schokoladenhersteller betreibt eine eigene Kakaoplantage.

- **Laterale Diversifikation:** Bei der lateralen Diversifikation stößt ein Unternehmen in **völlig neuartige Produkt- und Markträume** vor. Dabei stehen die neuen Leistungen in keinem Zusammenhang mit den bisherigen Angeboten des Unternehmens. Ein Beispiel für diese strategische Option besteht darin, dass ein Automobilkonzern auch Kleidung herstellt und verkauft.

4.3.3.3 Vorgehensweise und notwendiger Input

Die Anwendung der Ansoff-Matrix zur Entwicklung von Wachstumsfeldern sieht idealtypisch folgendes phasenorientiertes Vorgehen vor (vgl. Kerth, Asum 2008, S.192-195):

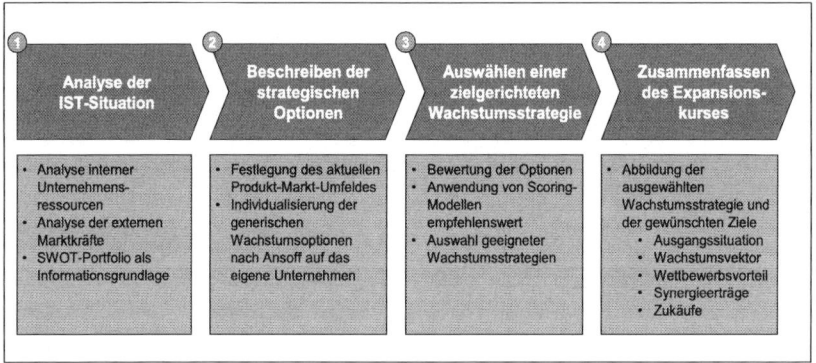

Abbildung 47: Vorgehensweise für die Verwendung der Ansoff-Matrix

Die erste Phase bildet die **Analyse der Ausgangssituation** als grundsätzliche Basis für die strategische Planung. Hierzu bietet sich der Einsatz der **SWOT-Analyse** an, um interne Stärken und Schwächen sowie externe Chancen und Risiken in die Planung von Wachstumsfeldern berücksichtigen zu können.

In der anschließenden zweiten Phase werden dann die verschiedenen **Strategieoptionen** dargestellt, die sich einem Unternehmen bieten. Hierzu werden die vier skizzierten Wachstumsstrategien nach Ansoff auf das eigene Unternehmen übertragen. Hierzu ist es hilfreich, zunächst das aktuell bearbeitete

Produkt-Markt-Feld zu skizzieren, um die Ausgangslage zu bestimmen. Im Anschluss wird dann jeder Quadrant, der eine allgemeine Wachstumsstrategie beschreibt, für das eigene Unternehmen individualisiert.

Phase drei beinhaltet die **Auswahl geeigneter zielgerichteter Wachstumsstrategien.** Hierbei werden die vier grundsätzlichen Wachstumsmöglichkeiten hinsichtlich der festgelegten Unternehmensstärken und -schwächen sowie der externen (positiven sowie negativen) Herausforderungen bewertet.

In der finalen vierten Phase wird die **gesamte Wachstumsstrategie für die weiteren (operativen) Schritte zusammengefasst** und kompakt abgebildet.

4.3.3.4 Vor- und Nachteile des Verfahrens

Auch für die Ansoff-Matrix werden sowohl die Einsatzmöglichkeiten in der Praxis als auch die Ergebnisse dieses Verfahrens in einer kritischen Beurteilung diskutiert:

Vorteile	Nachteile

• Leicht einzusetzendes Instrument zur strategischen Planung des Leistungsprogramms
• Gute Entscheidungsvorbereitung durch die übersichtliche Abbildung strategischer Optionen
• Unmittelbare Handlungsempfehlungen
• Große Akzeptanz und hoher Bekanntheitsgrad: Das Instrument wird seit Jahrzehnten erfolgreich in der Praxis eingesetzt
	• Unterstellung einer einseitigen Wachstumsorientierung
	• Keine Berücksichtigung der Marktteilnehmer durch die Strategieoptionen
	• Allgemeine Wachstumsstrategien mitunter stark vereinfacht dargestellt:
	  – Kosten steigen mit wachsender Marktdurchdringung exponentiell
	  – Die höhere Risikobewertung der Markt- gegenüber der Produktentwicklung ist nicht allgemein gültig
	• Nur zwei Dimensionen – keine Variationsmöglichkeiten
	• Keine allgemein gültigen Regeln zur Auswahl einer Strategie
	• Ausgewählte Wachstumsstrategien sind durch ergänzende Analysen zu verifizieren

Abbildung 48: Kritische Beurteilung der Marktfeldstrategien nach Ansoff

Schlüsselwörter

Strategische Planung, Strategieentwicklung, Balanced Scorecard, Portfolio-Analyse, BCG-Portfolio, Wachstumsstrategien, Ansoff-Matrix

Aufgaben zur Lernkontrolle

- Mit welchen Zielsetzungen sollte ein Unternehmen eine Balanced Scorecard implementieren?
- Für welche Aufgaben eignet es sich, Verfahren der Portfolio-Analyse einzusetzen?
- Benennen Sie die einzelnen Felder der BCG-Matrix und leiten Sie Normstrategien aus diesen ab.
- Wie sollte das Portfolio eines Unternehmens im Optimalfall aussehen?
- Nennen und erläutern Sie die einzelnen Strategieoptionen nach der Ansoff-Matrix.

Literatur zur Vertiefung

- Backhaus, K. (2003): Industriegütermarketing, 7. Auflage, Vahlen, München
- Becker, J. (1998): Marketing-Konzeption. Grundlagen des strategischen und operativen Marketing-Managements, 6. Auflage, Vahlen, München
- Becker, J. (1999): Das Marketing-Konzept. Zielstrebig zum Markterfolg, Deutscher Taschenbuch Verlag, München
- Benkenstein, M. (1997): Strategisches Marketing. Ein Wettbewerbsorientierter Ansatz, Kohlhammer, Stuttgart, Berlin, Köln
- Kerth, K.; Asum, H. (2008): Die besten Strategietools in der Praxis, 3. Auflage, Hanser, München
- Welge, M. K.; Al-Laham A. (2003): Strategisches Management. Grundlagen - Prozess - Implementierung, 4. Auflage, Gabler, Wiesbaden

4.4 Bewertung, Auswahl und Implementierung von Strategien

Die Bewertung und Auswahl von Strategiealternativen sind im strategischen Managementprozess eng miteinander verbunden. Ohne eine vorherige Bewertung ist eine Auswahl von Strategien nicht möglich, andererseits findet eine Bewertung in der Regel mit dem Ziel einer anschließenden Auswahl strategischer Alternativen statt.

Dabei erfolgt die Beurteilung und Selektion meist zweistufig: In einem ersten Schritt werden die strategischen Optionen einer ersten **Vor- bzw. Grobauswahl** unterzogen. Auf diese Weise lassen sich die grundsätzlich nicht zur Unternehmung passenden Strategien herausfiltern. In dem anschließenden zweiten Schritt werden die verbleibenden Alternativen einer **Feinauswahl** unterzogen, bei der die Strategievarianten auf ihre Ergebniswirkung hin untersucht werden (vgl. Benkenstein 1997, S.184).

4.4.1 Kriterien der Strategiebewertung und -auswahl

Eine Bewertung umfasst die möglichst vollständige Ermittlung der quantitativen und qualitativen Auswirkungen einer Strategie. Die Beurteilung einer Strategie erfolgt anhand ihres Zielerreichungsgrades bezüglich in der strategischen Zielplanung festgelegter Ziele bzw. daraus abgeleiteter Kriterien. In Abhängigkeit der zugrunde gelegten Kriterien kann bei der Bewertung eine auf qualitativen und eine auf quantitativen Kriterien beruhende Vorgehensweise unterschieden werden.

➢ **Bewertung anhand von quantitativen Kriterien**
Bei dieser Vorgehensweise werden ökonomisch begründete, d.h. monetäre Ziele zugrunde gelegt (z.B. Umsatz- oder Gewinnziele). Die zu beurteilende Strategie wird wie eine langfristige Investition behandelt und es wird diejenige Strategie ausgewählt, welche die **höchste Rendite bzw. den höchsten Kapitalwert** erzielt. Voraussetzung für die Anwendung dieser Verfahren ist die Ermittlung der durch die Strategieentscheidung ausgelösten monetären Rückflüsse. Eine derartige Vorgehensweise kann sich allerdings als

problematisch erweisen, da die der Strategie zugrundeliegenden Erfolgsfaktoren (z.B. Entwicklung des Marktanteils, Entwicklung der Wettbewerbspositi-
on) in ihrer Wirkung auf die zukünftigen Rückflüsse schwer zu strukturieren
und zu quantifizieren sind.

➢ **Bewertung anhand von qualitativen Kriterien**
Neben den finanziellen kann eine Beurteilung und Auswahl auch auf qualitative Bewertungskriterien zurückgreifen, die ebenfalls aus den strategischen
Zielen abgeleitet werden. In der Literatur werden eine Vielzahl allgemeiner
Kriterienkataloge vorgeschlagen, mit deren Hilfe im Sinne einer Checkliste
eine erste „Grobprüfung" der Strategiealternativen möglich ist (z.B. Stein-
mann, Schreyögg 2000, Collis Montgomery 1998).
Von besonderer Bedeutung sind hierbei die Kriterien der internen Durchführbarkeit und der Konsistenz: Das Kriterium der **internen Durchführbarkeit**
greift die elementaren Fragen auf, ob das Unternehmen über die notwendigen
Ressourcen (finanziell, sachlich, personell) zur Durchführung der Strategie
verfügt und ob die vorhandenen Potenziale in den funktionalen Bereichen
ausreichen. **Konsistenz** bedeutet die Widerspruchsfreiheit, das „Zusammen-
passen" der Strategie und der damit verbundenen Maßnahmen. Eine unstim-
mige Strategie ist ineffizient und demnach als nicht erfolgversprechend zu
bewerten. Für die Strategiebewertung ist ableitbar, dass neben ökonomischen
Kriterien die strategische Stimmigkeit und die interne Durchführbarkeit als
weitere Bewertungskriterien auftreten. Sie fungieren als allgemeine Anforderungen, die unabhängig vom konkreten Strategieinhalt bei der Bewertung
zugrunde zu legen sind.

4.4.2   Methoden der Strategiebewertung und -auswahl

Individuelle Bewertungsvorgänge unterliegen häufig einer Reihe von Verzerrungen. Bewertungsmethoden müssen diesen Verzerrungen entgegenwirken.
Die Bewertung kann durch die Methodenunterstützung zu einem objektivier-
ten, intersubjektiv nachprüfbaren Prozess werden. In der Unternehmenspraxis
kommt den folgenden Methoden die größte Relevanz zu.

4.4.2.1 Checklisten-Methode

Bei der Checklisten-Methode geht es im Wesentlichen darum zu überprüfen, inwiefern die Strategieoptionen die zuvor definierten Bewertungskriterien erfüllen. In der folgenden Checkliste ist beispielhaft eine Auswahl besonders relevanter und entsprechend besonders häufig verwendeter **Bewertungskriterien** zusammengefasst:

Kriterium	Fragen	Ja	Nein	Kommentar
Vorteilhaftigkeit	Resultiert aus der Strategie ein Wettbewerbsvorteil?			
	Greift man auf eigene Stärken zurück oder nutzt man die Schwächen der Wettbewerber?			
	Können unternehmensspezifische Schwächen neutralisiert oder Stärken der Wettbewerber relativiert werden?			
	Sind Wachstumschancen erkennbar?			
Validität	Sind die Schlüsselannahmen über die erwarteten Ergebnisse der Strategieimplementierung plausibel?			
Konsistenz	Ist die Strategie vereinbar mit der Unternehmensmission (-identität, -philosophie)?			
	Kann durch die Strategien auf den verschiedenen Ebenen ein stimmiges Gesamtbild erzeugt werden?			
Durchführbarkeit	Ist das Ressourcenpotenzial ausreichend für die Strategierealisation?			
	Widerspricht die interne Struktur der Implementierung der Strategieoption?			
Gefahrenpotenzial	Sind die bestehenden Risiken tragbar?			
	Können die Unternehmensziele auch bei einem Fehlschlag der Strategie erreicht werden?			
Zeit	Ist der Planungshorizont der Strategieoption und der Zeitrahmen der Oberziele deckungsgleich?			
Flexibilität	Ist es möglich, die Strategieoption an die externen Rahmenbedingungen anzupassen?			

Abbildung 49: Checkliste zur Bewertung von Strategien

Wie in der obigen Checkliste zu erkennen ist, erfolgt die Bewertung der er-
folgsrelevanten Parameter durch Zuordnung von Ja-/Nein-Antworten (nominales Skalenniveau). Für die Festlegung der Vorteilhaftigkeit von Strategieoptionen wird deshalb allein die Häufigkeit der Erfüllung bzw. Nicht-
Erfüllung der Parameter herangezogen.

Die **Vorteile** im Einsatz von Checklisten liegen vor allem in der **leichten
Handhabung** dieser Methode in Hinblick auf die Anforderungslisten und
deren Bewertung. Zudem können Checklisten jederzeit an veränderte Zielsetzungen angepasst und durch entsprechend neue Kriterien ergänzt werden.
Allerdings sind auch einige **Nachteile** zu berücksichtigen: Diese sind zum
einen in der **mangelnden Objektivität** des Verfahrens zu sehen. Zwar sind
die Ergebnisse durch die Dokumentation in den Checklisten intersubjektiv
nachprüfbar. Die Bewertungen, ob ein bestimmtes Kriterium erfüllt ist oder
nicht, sind jedoch auch stark durch die subjektive Meinung der beurteilenden
Person geprägt. Aus diesem Grund ist es sinnvoll, die Beurteilung und Selektion mit Hilfe einer Checkliste gleichzeitig durch verschiedene Personen
durchführen zu lassen, um die individuellen Ergebnisse anschließend vergleichen und diskutieren zu können. Ein weiterer Nachteil ist darin zu sehen,
dass die Checklisten ursprünglich keine Gewichtung der einzelnen Parameter
vorsehen und damit keine Prioritäten im Sinne einer hierarchischen Gliederung der einzelnen Bewertungsdimensionen gesetzt werden (vgl. Benkenstein
1997, S.187).

Vorteile	Nachteile
• Leichte Handhabung im Hinblick auf die Anforderungslisten und deren Bewertung • Anpassung an veränderte Zielsetzungen jederzeit möglich • Schnelle Ergänzung von Kriterien möglich	• Mangelnde Objektivität • Bewertungen der beurteilenden Person stark durch subjektive Meinung geprägt • Keine Gewichtung der einzelnen Parameter • Keine Prioritäten im Sinne der hierarchischen Gliederung der einzelnen Bewertungsdimensionen

Abbildung 50: Kritische Beurteilung der Checklisten-Methode

4.4.2.2 Profil-Methode

Im Vergleich zu der Checklisten-Methode können mit der Strategieprofil-Methode deutlich **differenziertere Strategiebewertungen** vorgenommen werden. Dies ist vor allem darauf zurückzuführen, dass die Profil-Methode nicht mit dichotomen Ja-/ Nein-Antworten arbeitet, sondern eine Abstufung auf einem **ordinalen Skalenniveau** möglich ist. Die Anzahl der Skalenstufen kann dabei individuell bestimmt werden, wobei sich in der Praxis meist Vierer-, Fünfer- oder Sechser-Skalen etabliert haben.

Ähnlich der zuvor dargestellten Checklisten-Methode kommen auch hier die bereits besprochenen quantitativen und/oder qualitativen Bewertungskriterien zum Einsatz.

Indikator	Beurteilung			Notizen
	schlecht -2 -1	neutral	gut 1 2	
Volumenswirkung				
Investitionsbedarf				
Konitinuität				
Gefahrenpotenzial				
Fit zu Kompetenzen				
Fit zu Ressourcen				
Flexibilität				
Stimmiges Gesamtbild				
Stärkung der Wettbewerbsposition				
Wachstumschancen				

Abbildung 51: Profil-Methode zur Strategiebewertung

Die obige Abbildung zeigt die beispielhaften Ergebnisse einer Strategiebewertung, bei der zwei alternative Optionen miteinander verglichen und durch die beiden Profile dargestellt werden. Im Gegensatz zur Checklisten-Methode bietet die Profil-Methode dabei auch die Möglichkeit, eine **Gewichtung der Kriterien** in die Analyse einzubeziehen.

Zudem ist es möglich, ein gewisses **Anspruchsniveau** bei der Beurteilung und anschließenden Selektion zu berücksichtigen. Hierzu muss ein bestimmtes **Mindestprofil** definiert werden. Auf diese Weise lassen sich für die verschiedenen Kriterien **Schwellenwerte** für die Strategieoptionen festlegen, die erreicht werden müssen, damit eine bestimmte Strategie weiter verfolgt wird. Allerdings ist es sowohl bei der Festlegung dieser Mindestwerte als auch bei der eigentlichen Bewertung schwierig, dieses Verfahren frei von subjektiven Einflüssen zu gestalten. Ähnlich wie bei der zuvor beschriebenen Checklisten-Methode gilt also für den Einsatz von Strategieprofilen, dass es vorteilhaft ist, die Beurteilung nicht durch eine einzelne Person durchführen zu lassen.

4.4.2.3 Methoden zur Berücksichtigung von Wirkungsrelationen und Strategiefolgen

Die Methoden dieser Gruppe verknüpfen die isolierten erfolgsbezogenen Einzelwertungen zu einer umfassenden Gesamtaussage. Somit werden Wirkungsrelationen der Erfolgsfaktoren teilweise berücksichtigt. Aus dieser Gruppe hat die **Nutzwertanalyse** die höchste praktische Relevanz erhalten. Dabei werden Strategien ausschließlich anhand einer abstrakten Indexzahl (Nutzwert) beurteilt, ohne dass ihre Erfolgspotenziale konkret erfasst werden. In einer Weiterentwicklung dieses Ansatzes haben sich deshalb Methoden etabliert, die ergänzend auch die (monetären) Strategiefolgen bei der Strategiebewertung und -auswahl berücksichtigen. Die Methoden dieser Gruppe versuchen dabei, durch die Quantifizierung der Erfolgspotenziale eine **vergleichbare Bewertungsgrundlage** zu schaffen. So versuchen klassische investitionstheoretische Methoden (z.B. Kapitalwert-, Rentabilitätsmethode) ebenso wie Geschäftsfeldsimulationen, den Einfluss der Strategiealternativen auf den Gewinn oder die Rentabilität zu quantifizieren (vgl. Welge, Al-Laham 2003, S.497-499).

In den letzten Jahren finden in der Strategiebewertung zunehmend **computergestützte Finanzsimulationsmodelle** Einsatz. Sie erfassen die Finanzwirkungen strategischer Erfolgsfaktoren und fassen diese in einer Finanzkennzahl zusammen (z.B. Cash-flow, ROI). Eine hohe Relevanz erhalten aus dieser Modellgruppe sog. **unternehmenswertorientierte Ansätze**, die die Auswirkungen der Strategiealternativen auf den Shareholder Value bzw. Free Cash-flow berechnen. Hierbei wird versucht, sämtliche aus der Strategie resultierenden Auszahlungs- und Einzahlungsströme zu prognostizieren und gegenüberzustellen (vgl. Welge, Al-Laham 2003, S.497-499).

4.4.3 Implementierung und Umsetzung von Strategien

Nachdem bislang der Analyse- und Planungsprozess des strategischen Marketing im Mittelpunkt standen, thematisiert der folgende Abschnitt die Implementierung und Umsetzung von Strategien.

Die Phase der Strategieimplementierung umfasst die Umsetzung strategischer Pläne in **konkretes, strategiegeleitetes Handeln** der Unternehmensmitglieder. Da dieser Transfer aber nicht einfach so und „per Knopfdruck" erfolgt, ist ein **Implementierungsprozess** notwendig.

Die folgende Aussage bringt die **Kernherausforderung** dieses Prozesses sehr treffend zum Ausdruck: „Implementing strategy is an action orientated, make things happen task that tests a manager's ability to direct organizational change, motivate people, develop core competencies, build valuable organizational capabilities, achieve continuous improvement in business process, create a strategy supportive culture, and meet or beat performance targets" (Thompson, Strickland 1998, S.268).

Das Zitat bringt eine wesentliche Sache zum Ausdruck: Die Strategieimplementierung ist eine zentrale Phase im strategischen Marketing. Nur bei einer gelungenen und effizienten Einführung und Umsetzung kann das strategische Marketing seine volle Wirkung entfalten. Gelingt dies nicht, bleibt es bloß „intcllektuelle Spielerei" (vgl. Welge, Al-Laham 2003, S.531).

➢ **Aufgaben und Vorgehensweise der Strategieimplementierung**

In den einleitenden Erklärungen ist bereits die Komplexität der Strategieimplementierung zum Ausdruck gebracht worden. Entsprechend lassen sich eine Vielzahl unterschiedlicher Aufgaben unterscheiden, die es in der Phase zu erfüllen gilt.

Die folgende Übersicht fasst die wichtigsten **Aufgaben** zusammen (vgl. Thompson, Strickland 1998, S.271):

1	Strategische Gestaltung der Organisationsstruktur
2	Initiierung von Lernprozessen
3	Strategieorientierte Budgetierung und Ressourcenallokation
4	Initiierung kontinuierlicher Veränderungsprozesse
5	Aufbau strategieunterstützender Kommunikations- und Informationssysteme
6	Gestaltung einer strategieunterstützenden Arbeitsumgebung und Organisationskultur
7	Gestaltung strategieunterstützender Anreizsysteme
8	Aufbau von Führungskompetenz zur Förderung der Strategieumsetzung

Abbildung 52: Aufgaben der Strategieimplementierung

Die dargestellten Aufgabenfelder lassen sich im Wesentlichen auf zwei Aufgabengruppen oder **Schwerpunkte** reduzieren (vgl. Welge, Al-Laham 2003, S.533):

- **Sachbezogene Aufgaben** umfassen die Budgetierung und Ressourcenallokation, die Gestaltung strategieunterstützender Anreizsysteme und die Abstimmung von Kultur, Struktur und Arbeitssystemen mit den Strategien.

- Die **verhaltensbezogenen Aufgaben** zielen auf die Erreichung von Strategieakzeptanz und den Aufbau der notwendigen Kompetenzen zur Umsetzung der strategischen Entscheidungen ab.

Die sachbezogenen Aufgaben umfassen somit sowohl die Konkretisierung der Strategien als auch die Ausrichtung sämtlicher Erfolgsfaktoren auf die Strategien. Im Rahmen der **Konkretisierung** ist eine Strategie stufenweise in

bereichs- sowie abteilungsbezogene Aufgaben herunterzubrechen. Häufig ist hierzu zunächst eine Präzisierung notwendig. An diese Spezifizierung schließt sich eine **Ableitung von mittel- und kurzfristigen Maßnahmen** an, so dass mit dieser Aufgabe der **Übergang vom strategischen ins operative Marketing** vollzogen wird. Dabei stellt die mittel- und kurzfristige Planung sicher, dass sich die Strategien in den laufenden Entscheidungen der Bereiche und Abteilungen wiederfinden.

Aufgrund ihres Neuheitscharakters ist die Implementierung von Strategien zudem meist mit **Wandlungs- und Lernprozessen** innerhalb der Unternehmung verbunden. Im Rahmen einer ersten wichtigen Aufgabe geht es hierbei darum, mögliche **Implementierungswiderstände** abzubauen und zu überwinden. Diese ergeben sich häufig aufgrund festgefahrener Verhaltensweisen, Machtstrukturen, interner Widerstände und Konflikte. Ziel muss es daher sein, eine breite Akzeptanz für das geplante zukünftige Vorgehen der Unternehmung zu erreichen.

Für diese Zielsetzung ist vor allem eine **frühzeitige Information** der Mitarbeiter von zentraler Bedeutung. Die Mitarbeiter müssen die Ziele und wesentlichen Inhalte der Strategien kennen und Gelegenheit haben, sich mit diesen auseinander zu setzen. Finden die hierfür notwendigen Kommunikationsprozesse nicht statt, so kann dies häufig zu Akzeptanzproblemen führen (vgl. Welge, Al-Laham 2003, S.547).

Neben fehlenden oder unzureichenden Informationen können jedoch auch **Know-how- und Fähigkeitsdefizite** die Ursache für Implementierungsbarrieren darstellen. Entsprechend wichtig ist es, ergänzend zu einer möglichst konstruktiven Kommunikation der Strategieinhalte auch **strategiebezogene Trainings- und Schulungsmaßnahmen** durchzuführen. Diese fallen in das klassische Aufgabengebiet der Personalentwicklung und -schulung. Zum einen geht es dabei darum, den Lern- und Fortbildungsbedarf der Mitarbeiter zu decken. Gleichzeitig können die Weiterbildungs- und Schulungsangebote aber auch dazu beitragen, mögliche Unsicherheiten und Ungewissheiten abzubauen.

Die beiden folgenden **Beispiele** zeigen exemplarisch, welcher Lern- und Fortbildungsbedarf im Rahmen der Strategieimplementierung gedeckt werden muss (Huber 1985 S.84 ff.):

▪ Entscheidet sich ein Unternehmen beispielsweise für die Strategie einer **Kostenführerschaft**, so sollte vor allem die Verkaufsorientierung der Mitarbeiter mittels gezielter Vertriebs- und Verkäuferschulungen gefördert werden. Zudem sind Kenntnisse auf dem Gebiet der Verfahrenstechnik, der Standardisierung und der Rationalisierung zu vermitteln, um Kostenvorteile aus einer möglichst rationalen Nutzung der verfügbaren Ressourcen erzielen zu können.

▪ Soll dagegen eine **Qualitäts- und Markenstrategie** umgesetzt werden, sind die verantwortlichen Mitarbeiter insbesondere in den Bereichen Produktinnovation, Design und Markenführung zu schulen.

Wie bereits angesprochen, vollzieht sich mit der Strategieimplementierung der Übergang von der strategischen Planung in die operative Umsetzung. Als letzter Teilschritt ist eine **Implementierungs-Kontrolle** sinnvoll. Anhand der Ergebnisse der Strategieimplementierung wird der Zielerreichungsgrad ermittelt. Dabei können aus einem **Soll-Ist-Vergleich** mögliche Abweichungen identifiziert werden. Sind Abweichungen aufgetreten, so sollte eine **Abweichungsanalyse** durchgeführt werden. Die Kenntnis der Abweichungsursachen hilft dann, die (unrealistischen) Zielsetzungen anzupassen und/oder weitere Maßnahmen zur Umsetzung und Realisierung vorzunehmen.

Schlüsselwörter

Strategiebewertung, Strategieauswahl, Checklisten-Methode, Profil-Methode, Strategieimplementierung

Aufgaben zur Lernkontrolle

- Skizzieren Sie exemplarisch eine Methode zur Strategiebewertung und -Auswahl.
- Welche Aufgaben sind notwendig, um eine Strategie erfolgreich im Unternehmen zu implementieren?

Literatur zur Vertiefung

- Becker, J. (1998): Marketing-Konzeption. Grundlagen des strategischen und operativen Marketing-Managements, 6. Auflage, Vahlen, München
- Benkenstein, M. (1997): Strategisches Marketing. Ein Wettbewerbs-orientierter Ansatz, Kohlhammer, Stuttgart, Berlin, Köln
- Welge, M. K.; Al-Laham A. (2003): Strategisches Management. Grundlagen - Prozess - Implementierung, 4. Auflage, Gabler, Wiesbaden

5. Operatives Marketing

Die Umsetzung der strategischen Entscheidungen eines Unternehmens erfolgt mit Hilfe des Einsatzes unterschiedlicher **Marketinginstrumente**. Innerhalb der verschiedenen Instrumentalbereiche des Marketing werden operative Entscheidungen über die durchzuführenden Maßnahmen und Aktivitäten getroffen.

5.1 Planung des Marketing-Mix

Die Gesamtheit der Marketinginstrumente wird als Marketing-Mix bezeichnet. In Anlehnung an die Definition eines Strategieprofils geht es im operativen Marketing darum, einen optimalen **Marketing-Mix** zu finden. Die Hauptaufgabe ist es also, eine ziel- und strategieorientierte Kombination der Marketinginstrumente zu finden.

Die folgenden Definitionen kennzeichnen die wesentlichen Merkmale des Marketing-Mix.

➢ **Definition Marketing-Mix:**

„Der Marketing-Mix umfasst jene Kombinationen außengerichteter absatzpolitischer Instrumente, mit deren Hilfe eine Unternehmung versucht, in unmittelbarer Weise ihre Beziehungen zu den für sie absatzbedeutsamen Marktteilnehmern zu gestalten und deren marktrelevantes Verhalten im Sinne der Marketingziele zu beeinflussen" (Meffert 2000).

➢ **Definition Marketinginstrumente:**

„Der Begriff der Marketinginstrumente bezeichnet dabei die Aktionsinstrumente (Parameter), mit denen ein Unternehmen am Markt agieren oder reagieren kann, um gesetzte Ziele und die daraus abgeleiteten Strategien umzusetzen" (Becker 1998).

Zur Systematisierung der unterschiedlichen Marketinginstrumente hat sich in Anlehnung an das „**4-P-System**" von McCarthy **(Product, Place, Price, Promotion)** ein Vierer-System der Marketinginstrumente durchgesetzt. Unterschieden werden die Instrumente Produktpolitik, Kommunikationspolitik,

Distributionspolitik und Preispolitik. Der Einsatz dieser Marketinginstrumente lässt sich durch folgende Fragestellungen charakterisieren:

- Welche Produkte und Leistungen sollen auf dem Markt angeboten werden? **(Produkt- bzw. Leistungspolitik)**
- Welche Maßnahmen setzen wir ein, um die Produkte bekannt zu machen und das Verhalten der Käufer zu beeinflussen? **(Kommunikationspolitik)**
- An wen und auf welchem Weg sollen die Produkte verkauft werden? **(Distributionspolitik)**
- Welche Gegenleistungen verlangen wir für unsere Produkte? **(Preispolitik)**

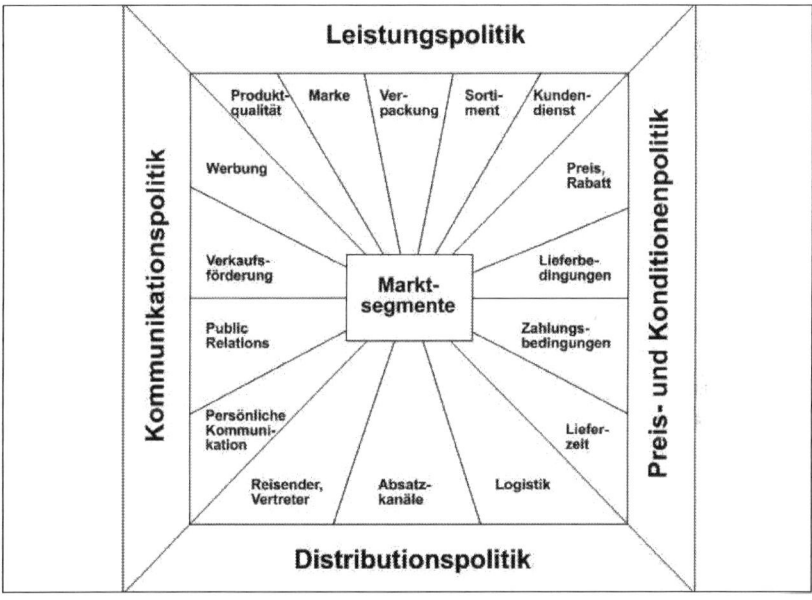

Abbildung 53: Instrumente im Marketing-Mix

Für die Marketingverantwortlichen eines Unternehmens stellt sich die Aufgabe, eine zielgerichtete Kombination der vier vorgestellten Instrumente des Marketing sowie ihrer jeweiligen Subinstrumente zu erreichen. Die Pfeile in der Grafik verdeutlichen die **Vernetztheit** der vier Instrumente sowie ihrer Subinstrumente und sollen die Bedeutung eines abgestimmten Vorgehens im operativen Marketing anzeigen.

5.2   Produktpolitik

Die Produktpolitik (bzw. das Produktmanagement) stellt das zentrale Aktionsfeld im Marketing-Mix dar. In der Sichtweise des Marketing ist die Produktpolitik nicht als rein technische, sondern als marktbezogene Aufgabe zu verstehen. Entsprechend lässt sich das Aufgabengebiet eines Produktmanagers als die **marktgerechte Gestaltung einzelner Produkte bzw. des gesamten Leistungsprogramms** charakterisieren.

5.2.1   Aufgaben und Entscheidungsfelder der Produktpolitik bzw. des Produktmanagers

Das **Produktmanagement** (auch: **Brand Management**) wurde 1927 bei Procter & Gamble zur Markteinführung der Seife Camay, die neben der bewährten Marke Ivory im Markt etabliert werden sollte, entwickelt. Ein Produktmanager betreut ein einzelnes Produkt, steuert alle produktbezogenen Aktivitäten über den gesamten Lebenszyklus und sorgt für die Koordination der betroffenen Funktionsbereiche im Unternehmen. Aufgrund des damit erreichten Erfolgs baute Procter & Gamble in kurzer Zeit ein Produktmanagementsystem auf. In den 30er Jahren fand dieses Konzept zunehmend Verbreitung in den USA und fasste, vor allem durch amerikanische Tochtergesellschaften vorangetrieben, in den 60er Jahren auch in Deutschland Fuß. Damals wurde das Konzept des Produktmanagements vor allem in der chemisch-pharmazeutischen Industrie, der Nahrungs-, Genussmittel- und Getränkeindustrie sowie Holz-, Papier- und Druckindustrie eingesetzt und findet sich heute vor allem neben der Lebensmittelindustrie in der Elektroindustrie, aber auch in der klassischen Investitionsgüterindustrie, wie Stahl-, Maschinen- und Fahrzeugbau, wieder (Garbe 1993, S.70 f.).

Ein Produktmanager fungiert als **Erzeugnisspezialist** und **Funktionengeneralist**, der eine Marke von der Produktentwicklung bis hin zum Ausscheiden aus dem Markt in allen Belangen betreut. Das Grundprinzip besteht darin, dass einzelne Produkte bzw. Dienstleistungen mit der Aufgabe sämtliche Themenbereiche funktionsübergreifend zu koordinieren, einem Produktmanager zugeteilt werden. Dieser vertritt alle leistungspolitischen Anliegen nach innen und nach außen. Durch die direkte Zuordnung entsteht eine **hohe Identifikation mit dem Produkt**.

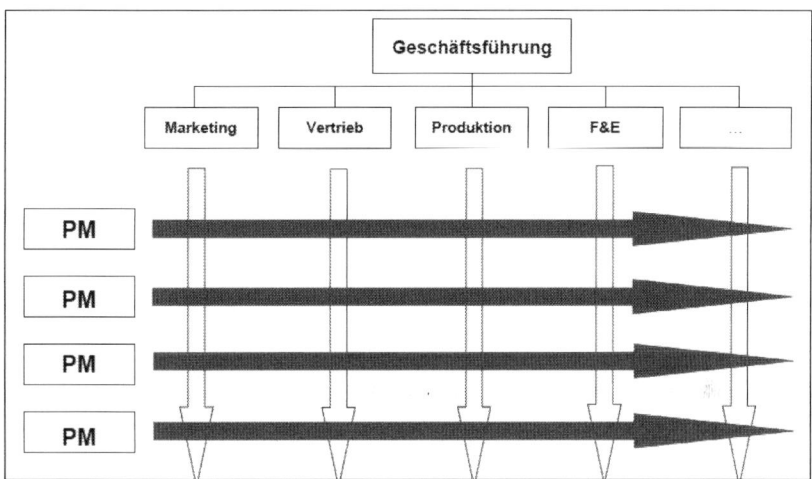

Abbildung 54: Produktmanagement und Organisationsstruktur

Für eine systematische Erarbeitung empfiehlt es sich, zunächst die einzelnen **Entscheidungsfelder** anzusprechen, die im Rahmen der Produktpolitik von Bedeutung sind.

5.2.1.1 Produktgestaltung

Im Kern geht es im Rahmen produktpolitischer Entscheidungen immer um die Gestaltung eines Produktes bzw. des gesamten Angebotsprogramms. Dabei können verschiedene Ansätze zur Produktgestaltung unterschieden werden (vgl. Scharf; Schubert 2001):

- **Gestaltung der Produktqualität im engeren Sinne:** Hierbei geht es im Wesentlichen um den **Grundnutzen** eines Produktes. Dies umfasst die Festlegung oder Veränderung von physikalischen, chemischen und/oder technischen Eigenschaften eines Produktes. Zudem wird die Produktqualität auch durch die Gestaltung der Produktfunktionen, das heißt durch die verbrauchs- und verwendungsbezogenen Eigenschaften eines Produktes beeinflusst. Dies betrifft beispielsweise die Benutzerfreundlichkeit oder die Haltbarkeit eines Erzeugnisses.

- **Gestaltung des Produktäußeren:** Hierbei geht es um die Gestaltung aller Eigenschaften, die das äußere Erscheinungsbild eines Gutes bestimmen. Neben dem Produkt selbst (z.b. Form, Größe, Farbe, Materialien) spielt die **Verpackung** (siehe unten) als weiteres Gestaltungsobjekt dabei eine entscheidende Rolle.

- **Gestaltung sonstiger nutzenwirksamer Leistungen:** Gemeint sind hier vor allem die Gestaltung des Produkt- bzw. des Markennamens sowie das Angebot von technischen und/oder kaufmännischen **Kundendienstleitungen**.

Die **Verpackung** wird als Sammelbezeichnung für jegliche Art von Umhüllung eines oder mehrerer Produkte verstanden, unabhängig davon, welche Funktionen sie erfüllen soll (Meffert 1997). Der verwandte Begriff **Packung** wird hingegen als Umhüllung nur eines Produktes gesehen. Die Verpackung hat in den letzten Jahren aufgrund veränderter Umweltbedingungen zahlreiche Einflüsse erfahren. Insbesondere der unaufhaltsame Trend zur Selbstbedienung, die Rationalisierungsbestrebungen bei dem Transport und der Lagerung sowie das veränderte Kaufverhalten der Konsumenten haben zu einer **steigenden absatzwirtschaftlichen Bedeutung** der Verpackung beigetragen.

Es wird unterteilt in **Transport-, Um- sowie Verkaufsverpackungen.** Die Ausgestaltung der Verpackung wird im Wesentlichen vom Produkt selber, vom Konsumenten und dessen Kaufgewohnheiten, der Absatzpolitik und -technik sowie der Umwelt beeinflusst.

Zudem hat die Verpackung, wie in der folgenden Abbildung ersichtlich, zahlreiche **Funktionen** zu erfüllen. Neben der originären Funktion, dem Schutz beim Transport und Lagerung sind mit der Zeit zahlreiche weitere Funktionen hinzugekommen, die prinzipiell in logistische, kommunikative und Zusatzfunktionen unterteilt werden können.

logistische Funktionen	kommunikative Funktionen	zusätzliche Funktionen
▪ Schutz/ Sicherung beim Transport ▪ Sicherung der Stapelfähigkeit ▪ Mengendimensionierung (Paletten/ Gebinde/Packung)	▪ Vermittlung von Produktinformationen (Markenbezeichnung/ EAN-Code) ▪ Selbstpräsentation des Produktes im Geschäft	▪ Gebrauchs-. Zubereitungserleichterung (Dosierer) ▪ Weiterverwendungsmöglichkeit (Senfglas) ▪ sozialer Nutzen (Geschenkpackung)

Abbildung 55: Funktionen der Verpackung

Allgemein können Ansätze zur Produktgestaltung im Rahmen unterschiedlicher Entscheidungen anfallen. Hierbei kann zwischen der Entwicklung neuer Produkte (**Produktinnovationen**, siehe Kap. 5.2.1.3) und der Veränderung bestehender Produkte (**Produktverbesserungen und/oder Produktdifferenzierungen**) unterschieden werden. Zudem ist im Rahmen produkt- und programmpolitischer Maßnahmen auch immer wieder darüber zu entscheiden, Produkte aus dem Angebotsprogramm zu nehmen bzw. sie durch andere Produkte zu ersetzen (**Produkteliminationen**).

In Bezug auf die Entwicklung neuer Produkte weisen produktpolitische Entscheidungen häufig einen engen Zusammenhang zu den marktfeldstrategischen Überlegungen von Ansoff auf (siehe Kap. 4.3.3).

5.2.1.2 Programmpolitische Entscheidungen

In den meisten Fällen stellt ein Unternehmen nicht nur ein einzelnes Produkt her, sondern es handelt sich um ein diversifiziertes Unternehmen, welches über ein **umfassendes Leistungsprogramm** verfügt. In einem solchen Fall müssen produktpolitische Entscheidungen immer im Kontext des gesamten Produktions- und Absatzprogramms getroffen werden, um damit eine optimale Programmgestaltung realisieren zu können.

➤ **Definition Produktions- und Absatzprogramm:**

„Das Produktionsprogramm eines Unternehmens ist die Summe der von diesem Unternehmen tatsächlich erstellten Leistungen. Das Absatzprogramm eines Unternehmens ist die Summe der von diesem Unternehmen tatsächlich angebotenen Leistungen" (Scharf; Schubert 2001).

Das Produktions- und das Absatzprogramm eines Unternehmens stimmen nur zum Teil überein. In vielen Fällen kauft ein Unternehmen zur Abrundung seines Angebots bestimmte Erzeugnisse von anderen Anbietern ein. Auch ein Angebot ergänzender Dienstleistungen kann als eine Abrundung des Angebotsprogramms interpretiert werden.

Das Programm eines Unternehmens weist immer mehrere Dimensionen auf, auf denen jeweils unterschiedliche programmpolitische Gestaltungen vollzogen werden können. Im Bereich des Handels wird statt von Programm häufig von einem **Sortiment** gesprochen.

Zur Beschreibung der Struktur des Produktions- und/oder des Angebotsprogramms eines Unternehmens werden vor allem die folgenden vier **Dimensionen** herangezogen:

- **Programmstruktur:** Was in einem Programm angeboten wird, lässt sich anhand unterschiedlicher Kriterien strukturieren und als Programmstruktur darstellen. So ist beispielsweise eine Strukturierung nach der Herkunft, dem Material, der Zielgruppe bzw. den Kunden und/oder der Preislagen möglich. Unter Entwicklungsaspekten wird auch in ein Normalprogramm bzw. -sortiment (unverzichtbar), Trendprogramm bzw. -sortiment (z.B. Modeartikel) und ein Testprogramm bzw. -sortiment (neu, vorläufig) eingeteilt. Eine weitere Möglichkeit, das Programm zu strukturieren, besteht in einer zeitlichen Einteilung. Entsprechend können ein Basisprogramm (durchgängig), ein Zusatzprogramm (beweglich) und ein Aktionsprogramm (zeitlich begrenzt) unterschieden werden.

  Die **Kundenstrukturanalyse** zeigt an, wieviel Prozent des Umsatzes auf wieviel Prozent der Kunden entfallen. Damit erkennt man, welche Kunden besonders wichtig für das Unternehmen sind. Häufig wird dabei eine Unterteilung in drei Gruppen vorgenommen und man spricht von einer ABC-Analyse, da man A-, B- und C-Kunden hat.

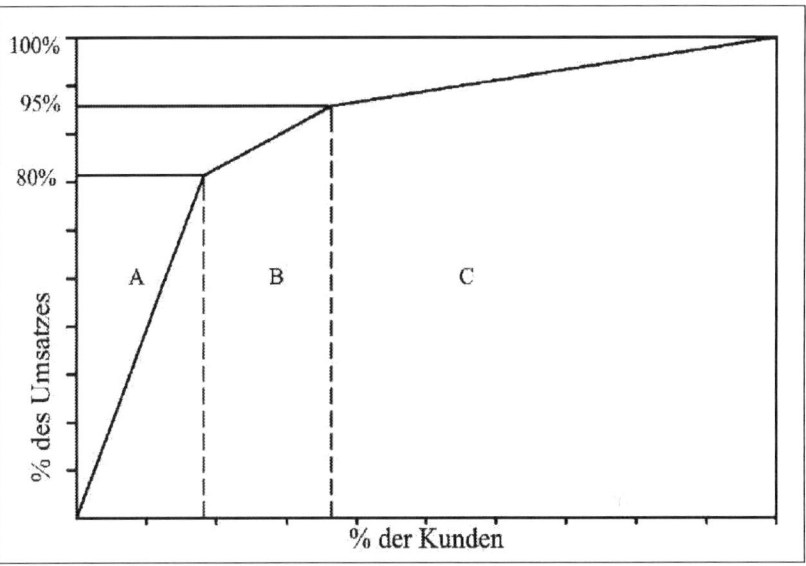

Abbildung 56: ABC-Analyse

- **Programmbreite:** Die Programmbreite beschreibt die Anzahl von Pro-
  duktarten, die von einem Unternehmen geführt werden. Aus Kundensicht
  bestimmt die Programmbreite die **Anzahl additiver Kaufmöglichkeiten,**
  die ein Unternehmen anbietet.
- **Programmtiefe:** Mit der Programmtiefe wird die Anzahl der **Artikel** und
  Sorten, die **innerhalb einer bestimmten Produktart** angeboten werden,
  bezeichnet. Aus Sicht der Kunden ergibt sich hieraus die Anzahl alternativer Kaufmöglichkeiten eines Unternehmens, zwischen denen die Kunden wählen können. Ein tiefes Programm bietet zahlreiche Alternativen
  pro Bedarfslage, ein flaches nur wenige.
- **Programmniveau:** Das Programmniveau bzw. Programmlevel legt das
  Qualitätsniveau eines Unternehmens fest. Dieses hängt vor allem von
  der gewählten Marktstimulierungs- bzw. Wettbewerbsstrategie (Preisführerschaft vs. Qualitätsführerschaft) ab und spiegelt sich dementsprechend
  stark in den Preisen der angebotenen Leistungen wider. Das angebotene
  Qualitäts-, Service- und Preisniveau stellt die wesentlichen Einflussfaktoren des Programmniveaus dar.

In Anlehnung an die Entscheidungsmöglichkeiten einzelner Produkte kann auch auf der Programmebene zwischen **Programmerweiterungen** (Einführung neuer Produkte/ Innovationen, Angebot weiterer Sorten im Sinn weiterer differenzierter Produktangebote) und **Programmbereinigungen** (Elimination von Produkten) unterschieden werden. Zusätzlich können auf der Ebene des Programmniveaus Entscheidungen über ein **Trading-Up** (Strategie eines Unternehmens, die darin besteht, Beratung, Service und Geschäftsausstattung auszubauen, um durch qualitativ bessere Leistungen Kunden stärker an das Unternehmen binden und höhere Preise erzielen zu können – Strategische Richtung: Qualitätsführerschaft) oder ein **Trading-Down** (Trend zu niedrigpreisigen Produkten und Leistungen – Strategische Richtung: Preis- und Kostenführerschaft) getroffen werden (vgl. Scharf; Schubert 2001).

5.2.1.3 Produktinnovationen

In den bisherigen Ausführungen wurde die Bedeutung der Entwicklung neuer Produkte bereits mehrfach angesprochen. Die folgende Abbildung zeigt die wichtigsten Entscheidungen, die im Rahmen der Neuentwicklung und Markteinführung eines neuen Produktes zu treffen sind. Die Entwicklung eines neuen Produktes stellt einen sehr komplexen, kosten- und zeitintensiven Planungs- und Entscheidungsprozess dar. In einer idealtypischen Betrachtung kann ein Produktinnovationsprozess in die Phasen Ideenfindung, Konzept- und Produktentwicklung sowie Markteinführung unterteilt werden (vgl. Vahs; Burmester 2005).

Konkret sind die einzelnen Phasen im Produktinnovationsprozess durch die folgenden Aufgaben gekennzeichnet:

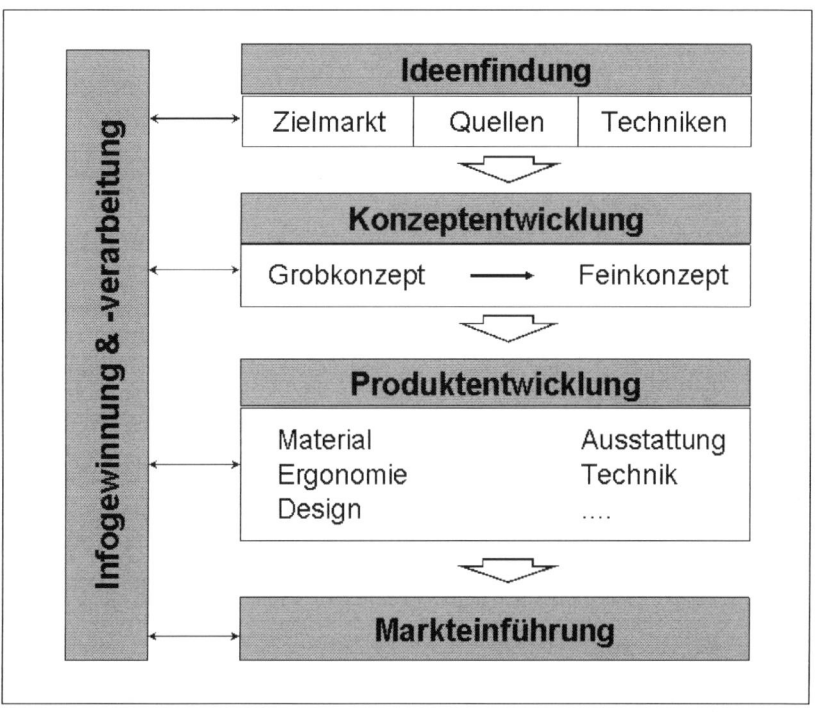

Abbildung 57: Produktinnovationsprozess

> **Phase der Ideenfindung**

Die Konzeption und Entwicklung von Produktinnovationen baut auf Ideen auf. Die Phase der Ideenfindung stellt somit den ersten Schritt einer erfolgreichen Innovation dar. Damit die Ideenfindung in die richtige Richtung verläuft, ist es erforderlich, den geplanten **Zielmarkt** bereits in diesem frühen Stadium des Produktentwicklungsprozesses festzulegen. Auf diese Weise sind eine **Identifikation der Konsumentenbedürfnisse und -präferenzen** sowie eine **Positionierung** gegenüber der Konkurrenz möglich.

Aufgrund einer hohen Ausfallrate der Produktideen im Laufe des Innovationsprozesses ist es wichtig, in diesem Stadium möglichst viele alternative Produktvorschläge zu gewinnen. Um die Ideenvielfalt anzuheben finden daher eine systematische Sichtung zugänglicher Quellen für Neuproduktideen sowie **Methoden der Ideenfindung** Anwendung (z.B. Brainstorming, Problemanalyse, Funktionsanalyse).

Den Abschluss dieser Phase bildet eine **Ideenbewertung und -auswahl**, um erfolgversprechende Ideen zu bestimmen. Da eine Konkretisierung einer Produktidee einen enormen Ressourceneinsatz erfordert, ist es wichtig, bereits in dieser frühen Phase des Produktinnovationsprozesses diejenigen Vorschläge auszuwählen, deren Umsetzung erfolgversprechend erscheint.

➢ **Phase der Konzeptentwicklung**

Nach Abschluss einer ersten Grobauswahl von Ideen bleibt eine kleine Anzahl von Innovationsvorschlägen übrig, die das Produktmanagement weiterverfolgt. Der nächste Schritt besteht dann darin, aus den einzelnen Produktideen **Produktkonzepte** zu entwickeln. Die Produktkonzepte dienen dann als Grundlage für die Konkretisierung der gesamten Marketingkonzeption sowie für die Gestaltung des physischen Produktes.

In der Regel erfolgt die Konzeptentwicklung in zwei Schritten: Zunächst werden erfolgversprechende Produktideen in **Grobkonzepte** transformiert. Durch eine Feinauswahl werden diejenigen Konzepte bestimmt, die zunächst durch **Feinkonzepte** konkretisiert und später realisiert und in den Markt eingeführt werden sollen.

➢ **Phase der Produktentwicklung**

Ein als erfolgversprechend eingestuftes Produktkonzept geht nun in die Phase der Produktentwicklung. Das Konzept selbst dient in dieser Phase als Grundlage für die physische Produktgestaltung sowie die Konkretisierung des gesamten Marketingkonzepts. Hierbei gilt es, die **technischen bzw. funktionalen Produkteigenschaften** zu realisieren sowie die Nutzen- und Imagevorstellungen in **objektive Produkteigenschaften** umzusetzen.

➢ **Phase der Markteinführung**

Die Endphase der Neuproduktentwicklung ist durch planerische Maßnahmen gekennzeichnet, die eine erfolgreiche Durchsetzung des neuen Produktes im Unternehmen und auf dem Markt sicher stellen sollen. Wichtig ist hierbei insbesondere, den **Zeitpunkt** und das **geographische Gebiet** für die Markteinführung zu bestimmen und die geplanten **Kommunikationsmaßnahmen** (Ankündigung in der Presse, Produktvorstellung auf Messen etc.) sowie den

Einsatz der weiteren absatzpolitischen Instrumente abzustimmen (Schulungen der Vertriebsmitarbeiter, Maßnahmen zur Verkaufsförderung etc.).

Für Neuprodukte ist es stark erfolgsentscheidend, ob es gelingt, einen **USP** (Unique Selling Proposition – Alleinstellungsmerkmal) aufzubauen. Zu unterscheiden sind, wie schon mehrfach erwähnt, verschiedene **Grade der Neuwertigkeit**. So kann es sich um ein originär und vollständig neues Produkt handeln oder es ist nur bezüglich einzelner Gestaltungselemente eine Innovation. So kann eine spezielle funktionale Eigenschaft innovativ sein, das Produkt sich durch ein innovatives Design auszeichnen oder „nur" die Marke und Vermarktung eine Neuheit darstellen.

Dimensionen des Neuheitswertes sind **Subjekt** (Für wen ist es eine Neuheit?), **Intensität** (Wie neu ist es?), **Zeit** (Ab wann und wie lang ist es eine Neuheit?) und **Raum** (Wo gilt es als neu?).

Eine Unterscheidung hinsichtlich der **Innovationsintensität** wirft die Fragen auf, inwieweit wesentliche Produktelemente und Komponenten beibehalten oder verändert werden und ein bestehendes Produktkonzept weitergeführt oder verworfen wird:

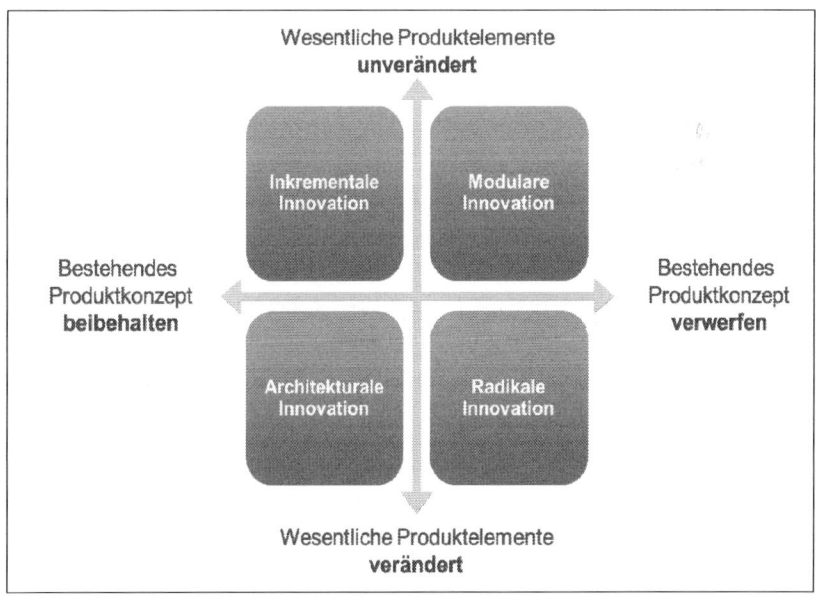

Abbildung 58: Innovationsintensitäten

- **Inkrementale Innovationen** ändern demgemäß nur unwesentliche Elemente eines bereits bestehenden Produktes, z.b. fettreduzierter Frischkäse.

- **Architekturale Innovationen** ändern eine wesentliche Produktkomponente, behalten aber das grundlegende Konzept bei, z.b. Hybridantrieb bei PKWs.

- **Modulare Innovationen** verändern nur unwesentliche Produktelemente, entwerfen aber ein neues Produktkonzept, z.b. überdachtes Motorrad ohne Helmpflicht.

- Am weitesten geht die **radikale Innovation**, bei der sowohl Konzept als auch wesentliche Produktkomponenten neu sind, z.b. Staubsaugroboter (vgl. Meffert 2009, S.409 f.).

Innovationen haben für das Unternehmen besonders dann eine **große Bedeutung**, wenn...

- die Wettbewerbsintensität sehr hoch ist,
- neue Technologien entwickelt wurden,
- sich die Produktlebenszyklen verkürzen oder
- die Konsumentenbedürfnisse sich geändert haben.

5.2.1.4 Markenmanagement

Die Marke ist in den letzten Jahren verstärkt in das Interesse von Wissenschaft und Praxis gerückt. Viele Gründe können für die gewachsene und weiter **wachsende Bedeutung von Marken** herangeführt werden (Esch 2008, S.4 ff.):

- Marken dienen wesentlich der **immateriellen Wertschöpfung** im Unternehmen.
- Marken ersetzen vielfach **kulturelle Werte** und schaffen **Vertrauen** bei den Nachfragern.
- Marken verfügen über besondere **emotionale Schubkraft**.
- Marken wirken positiv auf Nachfragemenge und **Preisbereitschaft**.
- **Erfolgskennziffern** der Unternehmen liegen bei starken Marken überdurchschnittlich hoch.

- Unternehmenswachstum und **Kapitalisierung durch Marktausdehnung** werden durch starke Marken leichter ermöglicht.
- Marken bilden häufig den Kern **virtueller Netzwerke**.
- Marken zeigen sich sehr **resistent gegen äußere Einflüsse**.

Je nachdem, wie eine Marke angelegt ist, ob z.B. als **Firmenmarke** oder als **Produktmarke**, ist der Verantwortungsbereich für die Marke hierarchisch anzusiedeln. Je enger eine Marke einzelne Produkte umfasst, umso eher ist die **Markenführung** ein wichtiger Bestandteil des Produktmanagements.

➤ **Kennzeichen einer Marke**

Im klassischen Verständnis einer Marke, als Abgrenzung gegenüber nicht markierten, anonymen Produkten, kennzeichnet eine Marke ein Bündel von Eigenschaften bzw. Merkmalen **(merkmalsbezogener Ansatz)**:

- Markenname
- Symbol (z.B. Mercedes-Stern)
- charakteristische Form (z.B. Maggi-Flasche)
- spezielle Farbgebung (z.B. Aral-Blau, Coca-Cola-Rot)
- Schriftzug (z.B. Nivea)
- akustisches Zeichen (z.B. bestimmte Tonfolgen bei Telekom)
- spezielle Haptik, Geschmack und Geruch eines Produktes (z.B. der typische Geruch einer Nivea-Creme)

Heutzutage erscheint eine solche Definition nicht mehr zweckmäßig, da sie zu stark auf gefertigte Erzeugnisse abstellt und Dienstleistungen, aber auch Ideen oder Personen, wie z.B. Greenpeace, Aktion Mensch oder Verona Pooth als Marken, kaum erfasst (vgl. Esch 2008, S.17).

Da geht selbst der Gesetzgeber einen Schritt weiter, wenn definiert wird:

„Als Marke können alle Zeichen, insbesondere Wörter einschließlich Personennamen, Abbildungen, Buchstaben, Zahlen, Hörzeichen, dreidimensionale Gestaltungen einschließlich der Form einer Ware oder ihrer Verpackung sowie sonstige Aufmachungen einschließlich Farben und Farbzusammenstellungen geschützt werden, die geeignet sind, Waren oder Dienstleistungen eines Unternehmens von denjenigen anderer Unternehmen zu unterscheiden" (§ 3 Abs.1 MarkenG).

Hilfreicher ist ein **wirkungsbezogener Ansatz** zum Markenbegriff der sich an den Abnehmern und sonstigen Anspruchsgruppen orientiert: Demnach sind **Marken Vorstellungsbilder in den Köpfen** der Zielgruppen, die eine **Identifikations- und Differenzierungsfunktion** übernehmen und deren Verhalten prägen (vgl. Esch 2008, S.22).

Als **starke Marke** wird in diesem Sinne jene Marke gesehen, die in hohem Maße **gefühlsmäßig** bei den Zielpersonen **verankert** ist. Eine Marke stellt eine verdichtete Information über alle mit der Marke verknüpften Assoziationen dar und hilft damit den Anspruchsgruppen bei der Orientierung und schafft Vertrauen (vgl. Esch 2008, S.23 f.).

> **Funktionen einer Marke**

Die Funktionen oder Nutzen einer Marke für den **Hersteller** liegen nahe. Durch das **Differenzierungspotenzial** und die Möglichkeit der **Präferenzbildung** kann **Kundenbindung** entstehen und gefestigt werden, was wiederum den **preispolitischen Spielraum** erhöht und Risiken, insbesondere auch für Innovationen, mindert. Insgesamt erreicht das Unternehmen durch eine starke Marke eine Verbesserung des **Unternehmensimages** und stärkt seine **Verhandlungsposition** (z.B. gegenüber Handel oder Fremdkapitalgebern).

Auch dem **Nachfrager** stiftet eine Marke Nutzen. Sie erleichtert es ihm, sich am Markt zu **orientieren** und **entlastet** ihn im Kaufentscheidungsprozess, nicht zuletzt dadurch, dass eine Marke auch ein **Qualitätsversprechen** ist. Dieses führt zu **Vertrauen** und einem hohen **Identifikationspotenzial**. Außerdem kann die Marke der Befriedigung von **Prestigebedürfnissen** dienen.

Aber auch für andere **Marktpartner**, wie etwa den Handel, Fremdkapitalgeber oder Lieferanten kann eine Marke nutzenstiftend wirken. So lassen sich Markenartikel leichter an den Endkunden verkaufen und unterliegen in der Regel weniger stark möglichen **Nachfrageschwankungen**, was den Marktpartnern **Sicherheit** gibt.

> **Elemente der Markenführung**

Für ein Markenmanagement muss, basierend auf einer hinreichenden strategischen Analyse, ein Zielsystem entwickelt werden. Dabei stehen relevante Zielgrößen zur Markennavigation z.T. in einer Ursache-Wirkung- oder auch wechselseitigen Beziehung. Grundsätzlich lassen sich verhaltenswissenschaftliche und ökonomische Zielgrößen unterscheiden. Der **Markenwert** ist

dabei die Zentrale ökonomische Zielgröße der Markenführung. Weitere **ökonomische Zielgrößen** sind...

- **mengenbezogen:** Anzahl der Erstkäufe und Wiederkäufe
- **monetär:** Der Preis und die markenspezifischen Kosten

Verhaltenswissenschaftliche Zielgrößen sind Markenbekanntheit und Markenimage sowie Markenzufriedenheit, -sympathie, -vertrauen, -bindung und
-loyalität.

Kernelemente des Markenmanagements sind Markenidentität und Markenimage. Die **Markenidentität** stellt das Selbstbild der Marke seitens des
Unternehmens dar, geprägt durch Ziele, Visionen und Werte sowie Herkunft,
Kompetenzen, Persönlichkeit und Leistungen. Aus der Markenidentität leiten
sich das Nutzenversprechen und das Markenverhalten des Anbieters ab. Diese treffen auf die Erwartungen und das Markenerleben seitens der Kunden
und gestalten somit wesentlich die Marke-Kunden-Beziehung.

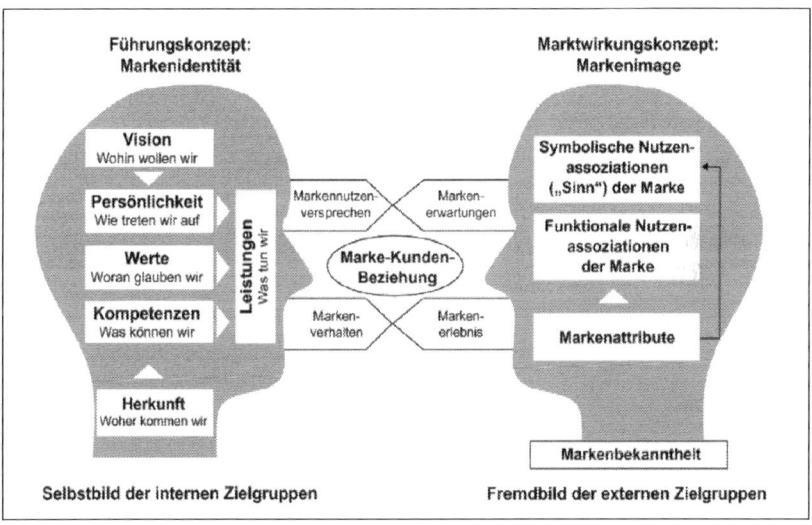

*Abbildung 59: Grundkonzept identitätsbasierter Markenführung
(Gabler Wirtschaftslexikon)*

Markenerwartung und -erlebnis seitens der Zielgruppe entstammen dem
Markenimage, welches basierend auf der Bekanntheit der Marke durch

Markenattribute sowie funktionale und symbolische Nutzenassoziationen geprägt wird.

> ➢ **Markensteuerrad**

Ein sehr hilfreiches Instrument der Markenführung zur Schaffung einer Markenidentität ist das Markensteuerrad. Es dient sowohl zur **Analyse der Ist-Situation** als auch zur **Definition eines Soll-Zustands**.

Die Beschreibung der Markenidentität umfasst dabei vier Kernbereiche:

* **Tonalität:** Wie ist die Marke? Welche Charaktereigenschaften besitzt sie?
* **Markenbild:** Wie tritt die Marke auf? Welche Stimuli werden benutzt?
* **Nutzen:** Was bietet die Marke? Wie wird das Nutzenversprechen begründet?
* **Kompetenz:** Über welche Eigenschaften verfügt die Marke? Welche Kernwerte besitzt sie?

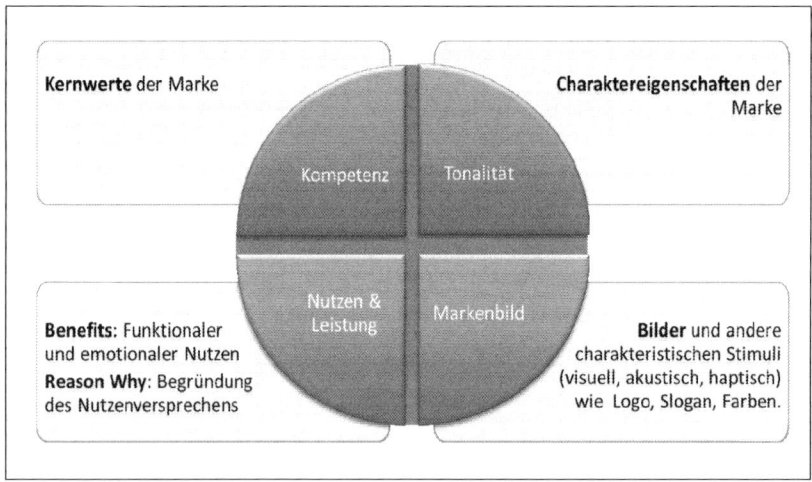

Abbildung 60: Markensteuerrad

Alle vier Elemente des Steuerrads müssen aufeinander abgestimmt sein und definieren die Marke für eine **langfristige Positionierung**. Nur durch eine konsequente Umsetzung des Steuerrads gelingt es, mit dieser Markenidentität auch das Markenimage erfolgreich zu gestalten.

5.2.2 Kompetenzen des Produktmanagers

Aus den umfassenden und funktionsübergreifenden Aufgabenbereichen innerhalb des Produktmanagements leiten sich sehr vielschichtige Kompetenzen, Eigenschaften und Fähigkeiten ab, die der Position des Produktmanagers in einem Unternehmen zuzuordnen sind. Es lassen sich dabei verschiedene **Kompetenzbereiche** unterscheiden, die zusammengenommen die sogenannte **Handlungskompetenz** ausmachen.

- **Fachliche Kompetenzen** betreffen die Kenntnisse und Fertigkeiten, bezogen auf die beruflichen Aufgaben. Sie entwickeln sich aus der beruflichen **Aus- und Weiterbildung** sowie aus den bisher gewonnenen **Erfahrungen**. Ein Produktmanager sollte hierbei Kenntnisse über die betreffende Branche, den Markt, das Produkt, die Geschäftsprozesse, die Zielgruppen sowie betriebswirtschaftliches und technisches Fachwissen insbesondere auch im Marketing haben.

- **Methodische Kompetenzen** beziehen sich auf Arbeitstechniken und -methoden, um eigenständig Kenntnisse und Fähigkeiten zu erwerben und Lern- und Lösungswege zu finden. Besonders angesprochen sind hier **analytische Fähigkeiten und Abstraktionsvermögen**. Ein Produktmanager sollte also Kompetenzen in den Bereichen Datenanalyse und -auswertung, Prognosemethoden, Zeit-, Selbst-, Prozess- und Projektmanagement sowie Engineering-Methoden besitzen.

- **Soziale Kompetenzen** umfassen die Fähigkeiten im Umgang mit den Mitmenschen wie z.B. Teamfähigkeit und Empathie. Neben dem beruflichen Umfeld ist hier insbesondere auch das private soziale Umfeld prägend, also die **Erziehung und Lebenserfahrungen**. Ein Produktmanager sollte über ein hinreichendes Maß an Durchsetzungsvermögen, Kommunikations- und Kooperationsfähigkeit verfügen.

- **Persönlichkeitskompetenzen** schließlich umschreiben die Fähigkeit, sich **selbstkritisch und reflektiert** zu hinterfragen und z.B. Verhaltensänderungen einzuleiten. Selbstsicherheit und ein realistisches Selbstbild, ethische Werthaltung und Kreativität eines Produktmanagers sind hier u.a. angesprochen.

Sicherlich sind die hier genannten Kompetenzen und Eigenschaften recht allgemeingültig und werden auch in vielen anderen Managementbereichen postuliert. Wesentlich ist jedoch, dass aufgrund der vielschichtigen und funktionsübergreifenden Aufgabenbereiche, diese im Produktmanagement eine besondere Relevanz besitzen. Eine genauere Gewichtung der einzelnen Fähigkeiten und Eigenschaften ist jedoch nur anhand der konkreten Situation in der Praxis zu vollziehen.

Aus einer anderen Betrachtungsweise lassen sich die aufgeführten Skills in spezifische Wissens- oder Kompetenzbereiche kategorisieren:

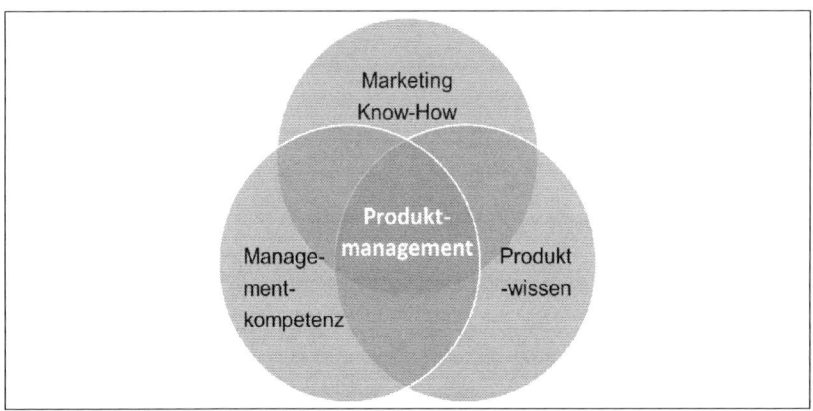

Abbildung 61: Wissensbereiche eines Produktmanagers

Dabei lässt sich feststellen, dass ein Produktmanager Kompetenzen aus den Unternehmensbereichen Marketing, Produkt und Management in sich vereinigen muss.

5.2.3 Servicepolitik

Im Rahmen der Servicepolitik steht die **Gestaltung der Kundendienstleistungen** im Mittelpunkt. Für viele Warenbereiche, insbesondere im Bereich des **Industriegütermarketing**, sind die Kundendienstleistungen untrennbar mit dem eigentlichen Produkt verbunden. Sie beinhalten wichtige Nutzenkomponenten, die von den Kunden erwartet werden und insofern die Kaufentscheidung mitbestimmen. Zudem stellen der Umfang und die Qualität der angebotenen Serviceleistungen einen wesentlichen **Differenzierungsfaktor** im Wettbewerb dar. Ähnlich wie für die Markenpolitik kann auch für den

Bedeutungsgewinn der Servicepolitik wie folgt argumentiert werden: In vielen Branchen und Produktbereichen existiert eine Vielzahl konkurrierender Produkte, die nach technischen, funktionalen oder leistungsbezogenen Merkmalen als austauschbar angesehen werden können. Durch ein Angebot an zusätzlichen Serviceleistungen kann eine Abhebung von der Konkurrenz erreicht und eine **Vorzugsstellung** bei den Konsumenten aufgebaut werden.

Serviceleistungen können die **Kernleistung vor, während und nach der Inanspruchnahme unterstützen**. Serviceleistungen sind demnach nicht als Hauptleistung bzw. als selbstständiges Absatzobjekt zu betrachten, sondern sollen den Absatz der eigentlichen Leistungen fördern.

Hinsichtlich ihrer Art können technische und kaufmännische Serviceleistungen unterschieden werden (vgl. Meyer 1990).

- **Technische Kundendienstleistungen** stehen in direktem Zusammenhang mit dem eigentlichen Produkt. Sie werden in der Regel **nach dem Kauf** des Produktes vollzogen und werden häufig durch spezialisierte Einrichtungen (Kundendienstbüros, Niederlassungen) erbracht. Beispiele für technische Kundendienstleistungen sind: Auf- bzw. Einbau von Geräten, Lieferservice sowie Wartungen und Reparaturleistungen.

- Bei den **kaufmännischen Serviceleistungen** steht der Nachfrager im Mittelpunkt. Es handelt sich hierbei vor allem um Dienstleistungsangebote, die **vor und während der Kaufentscheidungsphase** angeboten bzw. in Anspruch genommen werden. Als wichtige Beispiele können Beratungsleistungen und Informationsangebote genannt werden. Die entsprechenden Leistungen werden häufig nicht vom Hersteller selbst, sondern von den eingeschalteten Absatzorganen übernommen.

Schlüsselwörter

Marketing-Mix, Produktmanagement, Produktmanager (Kompetenzen), Verpackung, Programmpolitik, ABC-Analyse, Produktinnovation, Markenmanagement, Markenführung, Markensteuerrad, Kompetenzen, Servicepolitik

Aufgaben zur Lernkontrolle

- Stellen Sie die unterschiedlichen Zielrichtungen von Funktionsmanagement und Produktmanagement gegenüber.
- Beschreiben Sie kurz den Produktinnovationsprozess.
- Erstellen Sie ein Markensteuerrad für ein Produkt Ihrer Wahl.
- Über welche Kompetenzen sollte ein Produktmanager verfügen?

Literatur zur Vertiefung

- Albers, S. et. al. (2007): Handbuch Produktmanagement, 3. Auflage, Gabler, Wiesbaden
- Baumgarten, C. (2008): Markenpolitik: Markenwirkung - Markenführung - Markencontrolling, 3. Auflage, Gabler, Wiesbaden
- Esch, F.-R. (2012): Strategie und Technik der Markenführung, 7. Auflage, Vahlen, München
- Herrmann, A. et. al. (2009): Produktmanagement, 2. Auflage, Gabler, Wiesbaden
- Koppelmann, U. (2008): Produktmarketing, 6. Auflage, Springer, Berlin u.a.
- Meffert, H. et al. (2008): Marketing - Grundlagen marktorientierter Unternehmensführung, 10. Auflage, Gabler, Wiesbaden
- Pepels, W. (2006): Produktmanagement, 5. Auflage, Oldenbourg, München
- Porter, M. E. (2008): Wettbewerbsstrategien. Methoden zur Analyse von Branchen und Konkurrenten, 11. Auflage, Campus Verlag, Frankfurt
- Vahs, D.; Burmester, R. (2005): Innovationsmanagement, 2. Auflage, Schäffer-Poeschel, Stuttgart

5.3 Kommunikationspolitik

Die Kommunikationspolitik und insbesondere die klassische Werbung sind aus der Sicht der Konsumenten und Nachfrager sicherlich der auffälligste Teil des Marketing. Schließlich gerät jeder Mensch täglich tausendfach mit kommunikationspolitischen Maßnahmen von Unternehmen in Kontakt. So überwiegt die Nennung „Werbung" – als eines der kommunikationspolitischen Instrumente – bei spontan geäußerten Antworten auf die Frage: „Was verstehen Sie unter Marketing?"

Doch dies zeigt nur vordergründig die Bedeutung der Kommunikationspolitik für Unternehmen in der heutigen Zeit. Eine Vielzahl von Argumenten begründet den wachsenden Stellenwert der Unternehmenskommunikation für den Markterfolg. Hierzu gehören der zunehmende Wettbewerbsdruck, die immer ähnlicher werdenden Marktleistungen und damit **mangelndes Abgrenzungspotenzial** sowie die stark ansteigende Anzahl an Möglichkeiten für Unternehmen mit Marktpartnern und Kunden zu kommunizieren. Unternehmen stehen heute seltener in einem Produktwettbewerb, sondern verstärkt in einem sogenannten **Kommunikationswettbewerb** (vgl. Bruhn 2009a, Vorwort).

Während bei der Produktpolitik die Gestaltung der Produkte und Programmangebote im Mittelpunkt steht, geht es im Rahmen der Kommunikationspolitik um die **Darstellung der Unternehmensleistungen**. Im Wesentlichen geht es dabei um das Ziel, auf die Kenntnisse, Einstellungen und Verhaltensweisen (Kaufverhalten, positive Mund-zu-Mund-Propaganda) von Marktteilnehmern (z.B. Kunden, Händler, Lieferanten) einzuwirken (vgl. Bruhn 1990). Kommunikationsmaßnahmen beschreiben begrifflich alle Aktivitäten, die von einem kommunikationstreibenden Unternehmen als **Sender** einer Kommunikationsbotschaft bewusst und zielgerichtet eingesetzt werden (vgl. Bruhn 2009a, S.3). Die Zusammenfassung von Kommunikationsmaßnahmen hinsichtlich ihrer Ähnlichkeit erfolgt dann in den sogenannten **Kommunikationsinstrumenten** (vgl. Steffenhagen 2008, S.131). Der Einsatz dieser Kommunikationsinstrumente richtet sich an bestimmte Zielgruppen als Adressaten **(Rezipienten)** der Kommunikation. Dabei unterscheidet man grundlegend unternehmensinterne und -externe Personengruppen und spricht von

Marktkommunikation (externe Kommunikation) und **Mitarbeiterkommunikation** (interne Kommunikation).

Desweiteren sind Kommunikationsmittel und Kommunikationsträger zu unterscheiden. Das **Kommunikationsmittel** ist die tatsächliche, sinnlich wahrnehmbare Erscheinungsform der Kommunikationsbotschaft, also z.B. die Anzeige, der TV-Spot oder das Plakat (vgl. Bruhn 2009a, S.4 f). Das Medium, dass die Kommunikationsbotschaft in Form des Kommunikationsmittels dem Adressaten übermittelt, bezeichnet man als **Kommunikationsträger**, also z.b. die Zeitschrift, das Fernsehen oder die Anschlagstelle (vgl. Steffenhagen 2008, S.131). Nicht immer ist die Unterscheidung so eindeutig. Z.B. fallen bei Tragetaschen oder Werbegeschenken in der Kommunikation Kommunikationsträger und -mittel zusammen.

Der Kommunikation werden mehrere **Aufgaben bzw. Funktionen** zugerechnet:

- **Informationsfunktion:** Kommunikation soll markt- und entscheidungsrelevante Informationen über das Unternehmen bzw. seine Leistungen übermitteln.

- **Beeinflussungsfunktion:** Die Kommunikation soll die Einstellungen, Erwartungen sowie Wünsche des Kunden im Sinne des Unternehmens beeinflussen.

- **Bestätigungsfunktion:** Kommunikative Aktivitäten können darüber hinaus auch bezwecken, dass der Kunde nach seiner Kaufentscheidung nochmals die Bestätigung für die Richtigkeit seiner Wahl erhält, um gegebenenfalls auftretenden Zweifeln (**kognitive Dissonanzen**) entgegen zu wirken.

- **Wettbewerbsgerichtete Funktion:** Mit Hilfe der Kommunikation versucht ein Unternehmen zudem, sich vom Wettbewerb zu differenzieren und somit seinen Wettbewerbsvorteil (USP) zu kommunizieren.

Zu den Erklärungsansätzen, wie Informationen wahrgenommen werden und wie diese dann über Einstellungs- und Motivstrukturen in einem Lernprozess zu einer Reaktion bis hin zum Kauf des Produktes führen, gehören die sogenannten **SOR-Modelle** (Stimulus-Organism-Response).

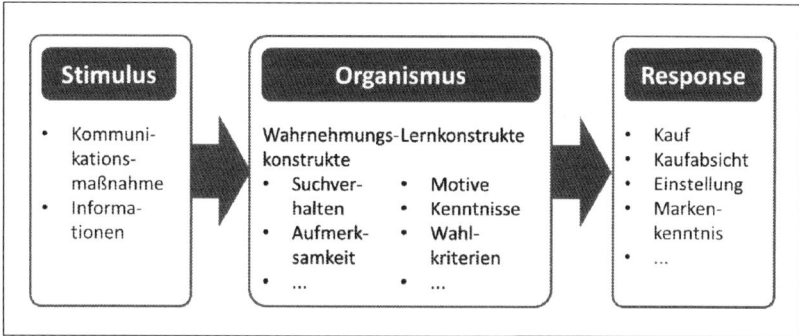

Abbildung 62: SOR-Modell

In diesen SOR-Modellen erfolgt der Stimulus durch **Inputvariablen**, die den Informationen des kommunizierenden Unternehmens oder weiterer Quellen des sozialen Umfeldes entstammen. Diese werden von dem Organismus, also den Rezipienten, verarbeitet. Hier entwickeln die Modelle **hypothetische Konstrukte**, die die Wahrnehmung und das Lernen erklären sollen. Aus der Verarbeitung resultiert das Verhalten als **Outputvariable**, die sich z.B. in Form des Kaufs sowie einer Einstellungsänderung oder Kenntnisänderung darstellt.

Die Wahrnehmung der Information bzw. Kommunikationsbotschaft ist ein wichtiger Schlüssel für den gesamten Prozess bis hin zum ökonomischen Erfolg. Wie einfach oder auch wie schwierig es ist, von einer Zielperson wahrgenommen zu werden, hängt auch von der Bereitschaft ab, sich mit den Informationen befassen zu wollen (das sogenannte **Involvement**).
Das Involvement umfasst eigentlich zwei Sichtweisen: einmal die erwähnte Bereitschaft, sich mit einem Thema zu befassen und zum anderen das Zuwendungsverhalten. Häufig werden **fünf Grade** des Involvements beschrieben, die sich am besten anhand des Beispiels, sich mit Essen zu befassen in Abhängigkeit des Sättigungsgefühls, verdeutlichen lassen, wie es die folgende Abbildung darstellt.

Status	Involvement-Grad	Ausprägung/ Beschreibung
völlig gesättigt	sehr niedrig	nicht durch verlockende Angebote zum Essen zu verleiten
satt	niedrig	zu Nascheneien zu verlocken
etwas Appetit	leicht erhöht	zum Essen zu verleiten, wenn es sehr verlockend ist
hungrig	erhöht	positive Reaktion auf fast alle Essensangebote
ausgehungert	sehr hoch	Suche nach allem Essbaren

Abbildung 63: Grade des Involvements am Beispiel Essen

Es ist leicht ersichtlich, dass die Bereitschaft, sich mit einer Kommunikationsmaßnahme zu befassen, auch abhängt von dem Grad des Involvements, sich mit dem Thema der Kommunikationsbotschaft zu beschäftigen. Eine Person, deren Mobilfunktelefon nicht mehr funktioniert, wird Werbung bezüglich dieser Produkte ganz anders wahrnehmen und sich intensiver mit den Kommunikationsinhalten beschäftigen, als eine Person, die keinen Anlass sieht, sich ein solches Produkt neu zuzulegen.

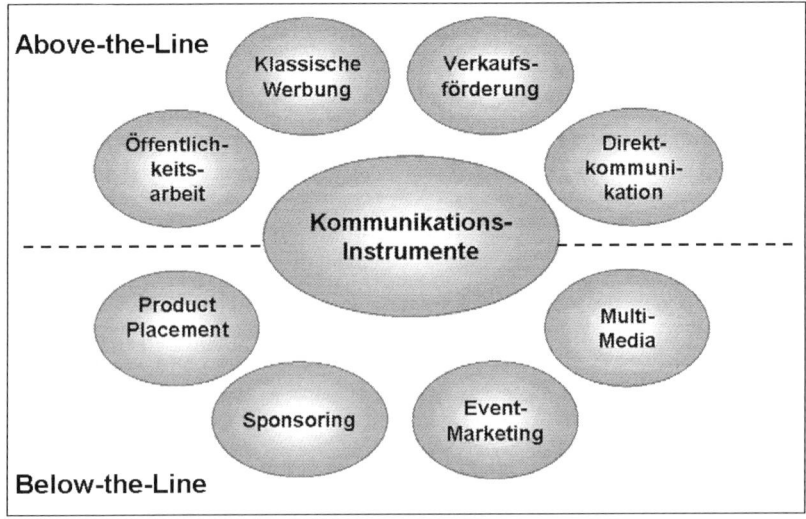

Abbildung 64: Kommunikationsinstrumente im Überblick

Eine Systematisierung der Vielzahl unterschiedlicher Kommunikationsinstrumente lässt sich dahingehend vornehmen, dass unterschieden wird, ob die jeweiligen Instrumente dem Bereich der sogenannten **„Above-the-Line"-Instrumente oder** der **„Below-the-Line"-Instrumente** zuzuordnen sind.

Die Bezeichnung „Above-the-Line" wird für die klassischen Kommunikationsinstrumente wie Mediawerbung, Verkaufsförderung oder Öffentlichkeitsarbeit verwendet. Demgegenüber bezeichnet „Below-the-Line" den Einsatz jener Kommunikationsinstrumente, die nicht der klassischen Kommunikation zugeordnet werden können. Hierzu zählen z.B. Sponsoring, Event-Marketing, Sales Promotions, Product Placement oder Online-Marketing.

Exemplarisch sollen einige Instrumente der Kommunikationspolitik nachfolgend näher vorgestellt werden.

Dabei ist der Hinweis wichtig, dass die verschiedenen Instrumente nicht als Alternative zu betrachten sind. Vielmehr ist im Sinn einer **integrierten Kommunikation** ein (in zeitlicher, inhaltlicher und formaler Hinsicht) abgestimmter Einsatz mehrerer Kommunikationsinstrumente und -maßnahmen möglich und sinnvoll.

5.3.1 Klassische Werbung

Klassische Werbung lässt sich ganz allgemein als unpersönliche Form der **Massenkommunikation** beschreiben, bei der durch den Einsatz von Werbemitteln (z.B. Anzeige, TV-Spot) in bezahlten Werbeträgern (z.B. Zeitung, Zeitschrift, TV-Sendung) versucht wird, die unternehmensspezifischen Zielgruppen anzusprechen und zu beeinflussen.

Wichtige Entscheidungen, die im Rahmen der Werbung getroffen werden müssen, betreffen die Bestimmung der **Werbeziele**, die Festlegung der **Werbeobjekte** (das heißt die zu bewerbenden Produkte bzw. Leistungen), die Identifikation der **Zielgruppe** der Werbung, die Festlegung der **Werbekonzeption** und der Höhe des **Werbebudgets** sowie die Bestimmung der **Werbeträger und Werbemittel**.

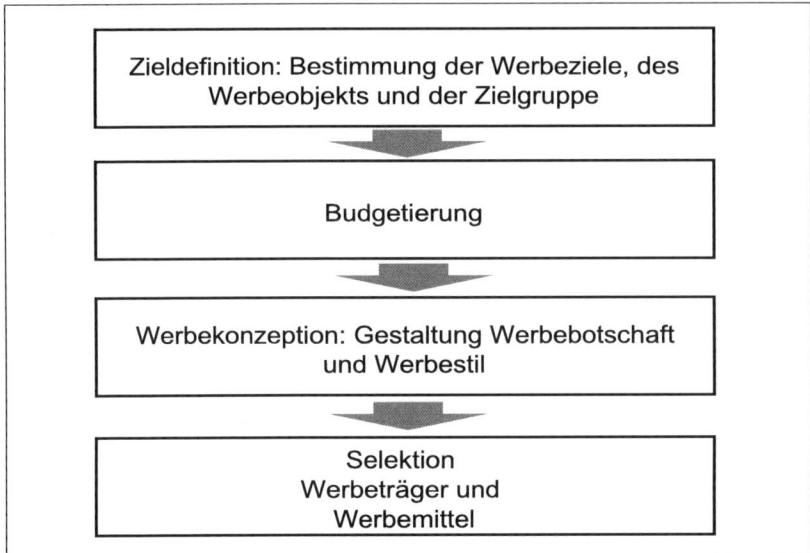

Abbildung 65: Planungsprozess klassische Werbung

> ➤ **Zieldefinition**

Den Ausgangspunkt für die Konzeption einer Kommunikationsmaßnahme stellen die konkreten Werbeziele dar. Diese werden aus den übergeordneten Marketingzielen abgeleitet. Operationale Werbeziele sollen dazu beitragen, dass das werbliche Handeln auf ganz bestimmte Resultate hin ausgerichtet wird. Grundsätzlich können **ökonomische und psychologische** (vor-ökonomische) **Werbeziele** definiert werden.

Neben den Zielen sind für die Planung einer Kommunikationsmaßnahme auch präzise Informationen über die **Werbeobjekte sowie die Zielgruppen** der Werbung erforderlich. Hierzu sind genauere Angaben über das Produkt bzw. die Marke oder das Gesamtunternehmen erforderlich. Insbesondere die wichtigsten (Produkt-)Eigenschaften, der (Produkt-)Nutzen bzw. die (Pro-dukt-) Vorteile sowie die **Positionierung** gegenüber dem Wettbewerb sollten konkretisiert werden. Voraussetzung für eine segmentspezifische Gestaltung der Werbung ist zudem eine möglichst präzise Beschreibung der fokussierten Zielgruppen. Aus diesem Grund ist die Identifikation und Analyse der rele-vanten Kundengruppen ein wichtiger Schritt bei der Werbekonzeption. Dabei ist es auch erforderlich zu planen, über welche Medien die fokussierten

Abnehmergruppen erreicht werden können. Hierfür sollte die Zielgruppe im Hinblick auf ihre **Mediennutzung** charakterisiert werden.

➢ **Werbebudgetierung**

Nachdem Werbeziele und -objekte sowie die zu erreichenden Zielgruppen festgelegt sind, kann die Werbebudgetierung erfolgen. Sinnvoll ist eine Orientierung an den angestrebten Zielen der geplanten Werbemaßnahmen. Davon ausgehend sind die zur Zielerreichung notwendigen Maßnahmen zu definieren. Die konkrete Budgetkalkulation erfolgt nachfolgend durch eine **kalkulatorische Preisermittlung**. Abschließend ist zu prüfen, ob die Gesamtkosten im geplanten finanziellen Rahmen liegen.

➢ **Werbekonzeption**

Die eigentliche Werbekonzeption beginnt mit der Festlegung der **Copy-Strategie**. Sie bildet die inhaltliche Grundkonzeption einer geplanten Werbemaßnahme. Zentrale Elemente einer Copy-Strategie sind Angaben zum Produktnutzen, zur Begründung des Produktversprechens sowie zur Gestaltung der Werbebotschaft (vgl. Huth; Pflaum 1991):

- **Consumer Benefit:** Zentrale Aufgabe der Werbung ist es, einen Produktnutzen in Form eines **Produktversprechens** zu kommunizieren.
- **Reason Why:** Überzeugende Werbung muss das behauptete Produktversprechen glaubhaft begründen. Dies erfolgt in der Regel über die Angabe objektiver Produkteigenschaften. Zudem können auch gute Produktbeurteilungen in Vergleichsstudien (z.B. Stiftung Warentest) oder positive Äußerungen sowohl von Meinungsführern als auch von bekannten Persönlichkeiten **(Testimonials)** eingesetzt werden.
- **Tonality:** Die Tonality beschreibt den **Grundton** der Werbung. Hier wird definiert, wie die Werbung (formal) zu gestalten ist. In der Regel erfolgt dies über die Angabe von Adjektiven wie z.B. aggressiv, fröhlich, witzig, humorvoll.

5.3.2 Öffentlichkeitsarbeit (PR)

Die Öffentlichkeitsarbeit (synonym wird auch von **Public Relations** oder kurz PR gesprochen) als Kommunikationsinstrument eines Unternehmens beinhaltet die Planung, Organisation und Durchführung sowie die Kontrolle aller Aktivitäten, um bei ausgewählten Zielgruppen (extern und intern) um Verständnis und Vertrauen zu werben und damit gleichzeitig Ziele der Kommunikation zu erreichen (vgl. Bruhn 1997).

Während bei der Werbung und Verkaufsförderung vorwiegend produktbezogene Kommunikationsziele im Vordergrund stehen, ist die Öffentlichkeitsarbeit auf das **gesamte Erscheinungsbild des Unternehmens** ausgerichtet. Öffentlichkeitsarbeit wird häufig mit dem Statement „Tue Gutes und rede darüber!" beschrieben. Diese Charakterisierung kann als sehr treffend bezeichnet werden, da sie den Kerngedanken der PR-Arbeit wieder gibt: Tue etwas Gutes und sorge dafür, dass darüber positiv berichtet wird. Dabei geht es vor allem um das Ziel, die Einstellung der Öffentlichkeit zur Unternehmung positiv zu beeinflussen.

Zudem stehen die folgenden Funktionen im Mittelpunkt der PR-Arbeit (Bruhn 1997):

- **Informationsfunktion:** Vermittlung von Informationen nach innen und außen.
- **Kontaktfunktion:** Aufbau und Aufrechterhaltung von Beziehungen zu allen für das Unternehmen relevanten Bezugsgruppen.
- **Imagefunktion:** Aufbau, Änderung und Pflege des Unternehmensimages.
- **Harmonisierungsfunktion:** Harmonisierung der wirtschaftlichen, gesellschaftlichen und innerbetrieblichen Verhältnisse.
- **Absatzförderungsfunktion:** Ein positives Ansehen in der Öffentlichkeit fördert (indirekt) den Verkauf der Waren und Dienstleistungen.
- **Stabilisierungsfunktion:** Die Standfestigkeit des Unternehmens in kritischen Situationen soll aufgrund stabiler Beziehungen zu den Teilöffentlichkeiten erhöht werden.
- **Kontinuitätsfunktion:** Ein einheitlicher Stil des Unternehmens nach innen und nach außen sowie in die Zukunft wird gewährleistet.

Für die Durchführung von Maßnahmen und Aktivitäten der Öffentlichkeitsarbeit stehen einem Unternehmen eine Vielzahl unterschiedlicher **Instrumente** zur Verfügung. Die nachfolgende Abbildung zeigt einige davon. Die dabei vorgenommene Einteilung in **bezahlte und unbezahlte PR** richtet sich danach, ob das Unternehmen eine direkte Vergütung an eine dritte Person zahlen muss, damit diese positiv über das entsprechende Unternehmen berichtet. Selbstverständlich fallen auch bei der so genannten unbezahlten PR bestimmte Kosten für die Planung und Durchführung der jeweiligen Maßnahmen an.

Instrumente der Öffentlichkeitsarbeit	
Bezahlte PR	**Unbezahlte PR**
▪ Kundenzeitschriften ▪ Newsletter ▪ Buchveröffentlichungen ▪ PR-Anzeigen ▪ TV-, Kino-, Hörfunkspots ▪ Firmen-/ Product Placements ▪ Sponsoring ▪ Messestände	▪ Tag der offenen Tür ▪ Pressearbeit ▪ PR-Filme ▪ Meinungsführerarbeit (z.B. Journalistenbetreuung) ▪ Spenden ▪ Geschäftsberichte, Ökoberichte ▪ Newsletter ▪ Vorträge ▪ Firmenhomepage ▪ Mitarbeiterinformationen (Mitarbeiterzeitschrift)

Abbildung 66: Instrumente der Öffentlichkeitsarbeit

Ist die Wirksamkeitsmessung von Kommunikationsinstrumenten insbesondere bezüglich ökonomischer bzw. monetärer Ziele grundsätzlich problematisch, so wird diese Problematik hinsichtlich der Aktivitäten der Öffentlichkeitsarbeit noch verstärkt. Dennoch lässt sich z.B. in der Phase einer starken Unternehmenskrise der **Unternehmensnutzen** von erfolgreicher PR-Arbeit nachvollziehen, wenn dadurch der Fortbestand des Unternehmens gesichert oder erleichtert wird. In der Vergangenheit wurde dies immer wieder an vielen Beispielen deutlich (z.B. Fleischskandal der Handelsgruppe real oder Korruptionsskandal von Siemens).

Ein zur PR naher Themenbereich ist die **Corporate Identity**, also die Unternehmenspersönlichkeit. Corporate Identity kann als eine konsequente Weiterentwicklung des PR-Gedankens angesehen werden und hat eine unverwechselbare Identität des Unternehmens bzw. dessen Erscheinungsbildes (Selbstbild) zum Ziel. Damit ist Corporate Identity weniger ein eigenständiges Kommunikationsinstrument als ein System von Gestaltungs- und Ausführungsanweisungen für alle Instrumente. Hiermit eng verwandt ist der Begriff **Corporate Image**, der gegenüber der Corporate Identity aber das Fremdbild des Unternehmens beschreibt. Weitere Corporate Identity Elemente sind **Corporate Design** (optische Erkennungsmerkmale des Unternehmens), **Corporate Behavior** (einheitliche Verhaltensweisen nach Innen und nach Außen) und **Corporate Communication** (Standardisierung der Kommunikationsregeln). **Corporate Culture** hingegen ist ganzheitlich-strategisch orientiert und hat das Ziel, die Corporate Identity Elemente aufeinander abzustimmen.

5.3.3 Verkaufsförderung

Das Instrument der Verkaufsförderung, auch **Sales Promotion** genannt, beinhaltet vielschichtige Aspekte, insbesondere, da es in der Regel in engem Zusammenhang mit dem Einsatz anderer Marketinginstrumente wie Preispolitik und Produktpolitik zu sehen ist. Verkaufsförderung umfasst **zeitlich befristete Maßnahmen mit Aktionscharakter**, um auf nachgelagerten Vertriebsstufen durch zusätzliche Anreize Kommunikations- und Vertriebsziele zu erreichen (vgl. Bruhn 2009, S.366).

Verkaufsförderung dient in erster Linie der effizienten Gestaltung der Verkaufsvorgänge, der Motivation und Unterstützung der Absatzorgane sowie der Beeinflussung des Konsumenten beim Kauf. Die zeitliche Befristung und die kurzfristige Steigerung des Absatzes sind die wesentlichen Merkmale.

Die Bedeutung von verkaufsfördernden Aktivitäten hat in den letzten Jahren stetig zugenommen. Mehr als die Hälfte der Kaufentscheidungen werden am **Point-of-Sale (POS)** getroffen und durch die vielfach geschilderte Machtverschiebung von Hersteller zu Handel, übernimmt der Handel vermehrt eine aktivere Rolle. Zudem kommt dieses zeitnah wirkende Instrument der Kurzfristorientierung vielen Unternehmen entgegen und es bedarf in der Regel für die einzelne Aktivität nur eines relativ geringen Budgets.

Diese Anreize und Aktivitäten können **personenbezogen** (durch z.B. Hostessen oder Propagandisten) oder **sachbezogen** (z.B. durch Kostproben oder

Präsentationen) durchgeführt werden. Hinsichtlich des Adressaten unterscheidet man **Außendienst-Promotion** (Zielgruppe sind die eigenen Vertriebsmitarbeiter), **Händler-Promotion** (Zielgruppe sind Groß- oder Einzelhandel) und **Verbraucher-Promotion** (Zielgruppe ist hierbei der Käufer oder Endverwender).

Zu den **außendienstgerichteten Maßnahmen** der Verkaufsförderung zählen Außendiensttage, Verkaufstrainings und motivationserhöhende Aktivitäten wie Verkaufswettbewerbe oder spezielle Prämien. **Handelsgerichtete Verkaufsförderung** umfasst Rabatte (Bar-, Naturalrabatte und Werbekostenzuschüsse), Händlerwettbewerbe, Werbegeschenke und verkaufsunterstützende Maßnahmen wie z.b. Displays, Schaufensterdekoration oder Kioskterminals. Mit diesen Verkaufsförderungsmaßnahmen, gerichtet an Absatzmittler, verfolgt das anbietende Unternehmen eine **Push-Strategie**. D.h. durch das „Hineindrücken" der Leistung in den Absatzkanal soll der Abverkauf gesteigert werden, denn Außendienst oder Handel müssen sich nun ihrerseits bemühen, die hineingenommene Ware zu verkaufen **(Push-Effekt)**.

Bei der **konsumentenorientierten Verkaufsförderung** unterscheidet man grundlegend preisorientierte Maßnahmen und nicht-preisorientierte Maßnahmen. Neben Sonderangeboten als **direkte Preisreduzierung** existieren verschiedene **indirekte Preisreduzierungen** wie Sonderverpackungen, Coupons oder Bonuspunkte. Zu der Vielzahl möglicher **nicht-preisorientierter Maßnahmen** zählen Prospektbeilagen, Handzettel, Inserate, Aktionsverpackungen, Durchsagen am Point-of-Sale oder Zugaben. Mit diesen verkaufsfördernden Aktionen direkt beim Endabnehmer, also mit Überspringen der Absatzmittler, verfolgt der Hersteller eine sogenannte **Pull-Strategie**. D.h. die angestrebte Steigerung der Nachfrage auf Seiten der Konsumenten sorgt dafür, dass der Handel „gezwungen" wird auch mehr zu ordern, damit er seine Kunden nicht verärgert **(Pull-Effekt)**.

Pull- und Push-Effekt können natürlich umso stärker wirken, wenn sie kombiniert eingesetzt werden und dies in Kooperation mit den Aktivitäten der Außendienstler und des Handels. In diesem Zusammenhang spricht man von **Kooperativ-Promotion**. Eine Kooperation ist aber auch auf horizontaler Ebene, also mit anderen Herstellern auf der gleichen Distributionsstufe denkbar. Dies bezeichnet man als **Verbund-Promotion**.

Verkaufsförderung kann verschiedene Funktionen übernehmen. Hauptsächlich sind dies Information, Motivation, Schulung und Verkauf. Verschiedene Maßnahmen, ihre **primären Funktionen** und die **zugehörige Zielgruppe** aus Sicht des Herstellers fasst die folgende Tabelle zusammen.

Zielgruppe		**Funktion**			
		Information	**Motivation**	**Schulung**	**Verkauf**
	Außendienst	Verkäuferinfos Verkäuferbriefe Verkäufer- zeitungen	Prämien- systeme	Filme und Videos Ausbildung zum Ver- kaufsberater	Sales Folder Argumenta- tionshilfen Testergebnisse Hostessen Dekorateure
	Handel	Verkaufsbriefe Anzeigen und Beilagen Handels- messen Info-Zentrale	Preisaus- schreiben Beigaben Sonder- konditionen Partner- aktionen	Handels- seminare	Sonder- und Zweit- Platzierungen Displays Sonderaktionen
	Nachfrager	Handzettel Prospekte Verbraucher- zeitungen Anleitungen Verbraucher- ausstellung	Preisaus- schreiben Gewinnspiele Shows und Sonder- aktionen Muster und Warenproben	Lehrveran- staltungen	Rabatte und Sonder- konditionen Zugaben und Gutscheine Self- Liquidating- Offers Produkte mit Zusatznutzen

Abbildung 67: Zielgruppen der Verkaufsförderung
(Meffert 2008, S.676)

5.3.4 Direktmarketing

Das Direktmarketing ist eines der Kommunikationsinstrumente (neben den Instrumenten des Sponsoring und Eventmarketing), welches in den letzten Jahren zunehmend an Bedeutung gewonnen hat. Die Gründe hierfür sind vielfältig. Die **hohen Wachstumsraten** des Direktmarketing lassen sich vor allem auf die folgenden **Bestimmungsfaktoren** zurückführen (vgl. Bruhn 1997):

- Dynamische Marktentwicklung mit zunehmender Wettbewerbsintensität
- Informationsüberlastung der Konsumenten
- Kostensteigerung beim Einsatz von Außendienstmitarbeitern
- Entwicklung innovativer Kommunikationstechnologien

Konstitutives Merkmal des Kommunikationsinstruments des Direktmarketing ist der **direkte Kontakt zum Kunden**. Dies bedeutet, dass eine individualisierte Ansprache der aktuellen und potenziellen Kunden erfolgt. Zur persönlichen Kommunikation zählen demnach alle Kommunikationsmaßnahmen, bei denen die Beeinflussungswirkungen durch einen direkten Kontakt mit den Konsumenten realisiert werden sollen. Eine solche direkte Ansprache aktueller oder potenzieller Kunden ist mit Hilfe unterschiedlicher Maßnahmen möglich. Grundlegend können die folgenden drei **Erscheinungsformen** des Direktmarketing unterschieden werden (vgl. Bruhn 1997):

- **Passives Direktmarketing:** Hier geht es darum, dass Konsumenten auf das Leistungsangebot eines Unternehmens aufmerksam gemacht werden, ohne dass durch das Medium selbst ein direkter Kundendialog entsteht (z.B. durch Werbebriefe, Mailings, Flyer und Produktbroschüren).
- **Reaktionsorientiertes Direktmarketing:** Mit der Ansprache eines Kunden wird diesem eine direkte Möglichkeit zur Reaktion gegeben und damit der Dialog zwischen Anbieter und Nachfrager initiiert. Dies ist beispielsweise bei Werbebriefen mit Rückantwortkarten, TV- und Radiospots, bei denen eine Telefonnummer zur Kontaktaufnahme eingeblendet bzw. genannt wird sowie bei Zeitschriftenanzeigen mit Antwortcoupons der Fall.
- **Interaktionsorientiertes Direktmarketing:** Diese dritte Möglichkeit ist dadurch gekennzeichnet, dass Anbieter und Nachfrager in einen unmittelbaren Dialog eintreten und somit ein **gegenseitiger Informationsfluss**

möglich wird. Möglich ist dies insbesondere in Form eines persönlichen, direkten Gesprächs zwischen dem Unternehmen und seinen Kunden (z.B. über Außendienstmitarbeiter oder Telefonhotline).

5.3.5 Messen

Das Kommunikationsinstrument kann wie folgt charakterisiert werden: Eine Messe ist eine zeitlich begrenzte Veranstaltung und findet im Allgemeinen wiederholt statt. Auf der Messe stellt eine Vielzahl von Ausstellern das wesentliche Angebot eines oder mehrerer Wirtschaftszweige aus. Dieses Angebot gilt vornehmlich für gewerbliche Wiederverkäufer, gewerbliche Verbraucher oder Großabnehmer. Zusammenfassend wird eine Messe als **zeitlich und örtlich festgelegtes Event mit Marktcharakter** definiert.

Die Teilnehmer einer Messe verfolgen verschiedenste **Ziele** mit ihrer Teilnahme:

- Kontaktziele (Neukunden, Kontaktpflege)
- Verkaufsziele (Verkaufsabschlüsse, Verkaufsanbahnungen)
- Präsentationsziele (Produkteinführungen, Anwendungsdemonstrationen)
- Distributionsziele (neue Handelspartner, Kooperationsvereinbarungen)
- Informationsziele (Informationen über den Wettbewerb, Marktforschung)

Messen spielen vor allem im Bereich des **B-to-B-Marketing** eine bedeutende Rolle. Im Vergleich zu anderen Kommunikationsinstrumenten lassen sich bei der Messe einige eindeutige **Vorteile** herausstellen. Zum einen liegt der Fokus im Bereich der Messen auf der **persönlichen Ansprache der Kunden** (face-to-face), wodurch eine interaktive Kommunikation ermöglicht wird. Zum anderen werden auf einer Messe die **Streuverluste stark verringert**, da eine Messe im Allgemeinen schon eine eingegrenzte Zielgruppe anspricht. Zudem kann das Produkt, welches in den anderen Kommunikationsinstrumenten meist eindimensional präsentiert wird, auf einer Messe in einem dreidimensionalen Raum präsentiert werden. Auch die Verkaufsabschlüsse sind direkt möglich. Der Kunde muss nicht, wie in den meisten anderen Fällen erst zum POS, um das Produkt zu erwerben, sondern kann den Kaufakt direkt vollziehen. Da auf der Messe der ganze Wettbewerb vertreten ist und somit ein **hoher Grad an Transparenz** geboten ist, hat die Messe ebenfalls im

Bereich der Marktforschung klare Vorteile gegenüber den anderen Kommunikationsinstrumenten vorzuweisen. Als letztes sei die Möglichkeit eines soliden Controllings zu nennen.

Zu beachten sind die unterschiedlichen **Aktivitäten**, die vor, während und nach einer Messebeteiligung durchzuführen sind (vgl. Meffert 2008, S.679):

- In der **Vor-Messe-Phase** muss primär die **Messebeteiligung** der Zielgruppe **bekannt gemacht** werden. Unter Einsatz von klassischer Werbung, PR-Mitteilungen, Messekatalog und Direct-Mailing werden potenzielle Besucher informiert. Hinzu kommen die Qualifizierung und das Briefing des Standpersonals.

- Die **Messe-Phase** verfolgt die Ziele, **Besucher** zu **akquirieren** und die Wahrnehmungshürden bei den Messebesuchern zu durchbrechen. Aufmerksamkeit und Interesse sollen durch den Einsatz von werblichen Mitteln, z.B. innerhalb der Messeinformationssysteme oder Außenwerbung und Aktionen vor bzw. auf dem Messegelände, geweckt werden. Mit persönlichen Gesprächen und durch Teilnahme an Begleitveranstaltungen (z.B. Vorträge und Podiumsdiskussionen) soll im Dialog mit der ausgewählten Zielgruppe Kompetenz vermittelt und Kontaktaufbau und -pflege betrieben werden.

- In der **Nach-Messe-Phase** stehen vielseitige Kommunikationsmaßnahmen mit der Zielgruppe und sonstigen Anspruchsgruppen im Vordergrund. Begleitet durch den Einsatz klassischer Mediakommunikation werden die **Messekontakte gepflegt und weiterverfolgt**, aber auch nicht erschienene Personenkreise kontaktiert, um Kundenbindung zu betreiben. Beziehungspflege wird gestaltet durch Informationsversorgung, auch an Pressevertreter, und Weiterführung des Dialogs. Hinsichtlich interner Zielgruppen sind Messeberichte und persönliche Gespräche einzusetzen.

5.3.6 Events

Gerade in einer für die Menschen sehr informationsüberlasteten Zeit, ist es wichtig, der Zielgruppe etwas besonders Interessantes und emotional Ansprechendes zu bieten. Dies ist der Ansatzpunkt für das sogenannte **Eventmarketing**.

Als Event bezeichnet man eine besondere Veranstaltung oder ein spezielles Ereignis, das multisensitiv vor Ort von ausgewählten Rezipienten erlebt und als Plattform zur Unternehmenskommunikation genutzt wird (vgl. Bruhn 2009, S.443). Eventmarketing ist demzufolge die **erlebnisorientierte Insze-nierung von Veranstaltungen oder Ereignissen für eine spezielle Ziel-gruppe** zur Erreichung von Kommunikationszielen (vgl. Meffert 2008, S.680).

Events sind ebenso als Kommunikationsmittel innerhalb anderer Kommunikationsinstrumente wie z.b. der Verkaufsförderung, der PR oder Messen und Ausstellungen einsetzbar.

Zur Charakterisierung eines Events sind die folgenden zentralen **Merkmale** von Bedeutung (vgl. Bruhn 2009, S.443 f):
- Der individuelle Nutzen eines Events für seine Teilnehmer ergibt sich aus einer **positiven Emotionalisierung** und weniger aus den vermittelten In-formationen.
- Es findet eine **Aktivierung der Eventteilnehmer** statt, d.h. sie überwin-den ihre Aktivierungsschwelle und motivieren auch andere Teilnehmer aktiv zu werden.
- Die subjektive Wahrnehmung ist durch **Positivität** gekennzeichnet und Langeweile, Routine und negative Eindrücke sind zu vermeiden.
- Ein Event stellt ein besonderes, idealerweise unwiederholbares Ereignis, also etwas **Einzigartiges** dar.
- Das Event bietet die Möglichkeit eines Vor-Ort-Erlebnisses und vermit-telt damit verstärkt **Authentizität** und **Exklusivität**.
- Events sollten speziell **auf die Bedürfnisse des ausgewählten Publi-kums ausgerichtet** sein und eine hohe **Kontaktintensität** bieten.

Daraus ergeben sich wichtige **Anforderungen** an das Eventmarketing (vgl. Bruhn 2009, S.445):
- **Systematische Planung** und Entscheidung auf Basis einer hinreichenden Situationsanalyse
- Eigeninitiierung (insbesondere in Abgrenzung zum Eventsponsoring)
- Unternehmens- und Markenbezug
- emotionale Beeinflussung des Rezipienten

Zur systematischen Planung von Events sind Entscheidungen auf vier Insze-
nierungsstufen zu treffen, die in der folgenden Abbildung verdeutlicht werden:

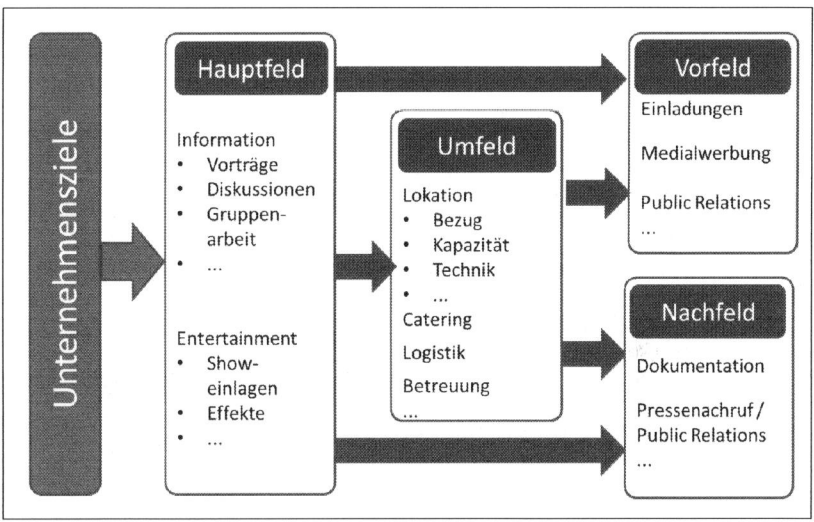

Abbildung 68: Stufen im Entscheidungsprozess des Eventmarketing
(Bruhn 2009, S.451)

Die **Arten von Events** lassen sich nach verschiedenen Gesichtspunkten kate-
gorisieren:
- **Anlassbezogen:** z.B. Jubiläen, Grundsteinlegung für ein neues Werk
- **Kommunikationszielbezogen:** emotionale Positionierung einer Marke
  oder Wissensvermittlung
- **Zielgruppenbezogen:** interne oder externe Zielgruppen

Typische Beispiele für endkundenorientiertes Eventmarketing sind die Ausrichtung von Streetball-Turnieren (adidas oder real), Organisation von Biker-
Treffen (Harley-Davidson) oder Extremsportveranstaltungen (Red Bull Flug-
tage).

Eventmarketing wird sich in Zukunft mit Sicherheit einer wachsenden Beliebtheit bei Unternehmen erfreuen. Hauptargumente und somit **Vorteile** dieses Kommunikationsinstruments sind die **hohe Dialogfähigkeit** und die gu-
ten **Möglichkeiten der Differenzierung und Profilierung** wegen der Ein-
zigartigkeit des Events. Da bei Events die Kommunikation nicht primär

ökonomische Kommunikationsziele verfolgt, wird eine **höhere Akzeptanz der Botschaft** bei der Zielgruppe erreicht. Als **Nachteil** muss die schwierige Erfolgsmessung gesehen werden (vgl. Vergossen 2004, S.302 f.).

5.3.7 Sponsoring

Sponsoring als Kommunikationsinstrument lässt sich sehr trefflich beschreiben als **modernes kommerzialisiertes Mäzenatentum**. Im Gegensatz zum Sponsor verlangt ein Mäzen jedoch keine Gegenleistung vom Gesponserten und verzichtet auch auf eine medienwirksame Darstellung der Unterstützungsleistung. Auch das Spendenwesen unterscheidet sich vom Sponsoring insbesondere dadurch, dass durch Spenden ausschließlich gemeinnützige Organisationen unterstützt werden und diese im Regelfall auch steuerlich absetzbar ist. Sponsoring beschreibt alle Aktivitäten, die mit der **Bereitstellung von Unterstützungsleistungen**, d.h. Geld, Sachmittel, Dienstleistungen oder Know-how, zur Förderung von Personen oder Organisationen einhergehen und gleichzeitig **kommunikationspolitische Ziele** verfolgen.

Das Sponsoring und dabei insbesondere das **Sportsponsoring** erfreut sich bei Unternehmen einer wachsenden Beliebtheit. Nach Schätzungen von Experten ist das Sponsoring-Volumen im Bereich Sport 2011 auf knapp 3 Mrd. EURO angestiegen und vereinnahmt damit zwei Drittel des gesamten Sponsoring-Volumens. Steigende Kosten sowie zunehmende Werbebeschränkungen und Reaktanzen gegenüber klassischen Werbeformen begründen sicherlich auch dieses Wachstum.

Zu den kommunikationspolitischen **Zielen**, die durch Sponsoring verfolgt werden, zählen u.a. (vgl. Vergossen 2004, S.282 f.):
- Verbesserung des Unternehmens- oder Markenimages durch **positiven Imagetransfer** von dem Gesponserten
- Steigerung des Bekanntheitsgrades
- Demonstration der Leistungsfähigkeit
- Demonstration gesellschaftlicher und sozialer Verantwortung
- Kontaktpflege mit speziellen Zielgruppen wie Meinungsführern
- Motivation von Mitarbeitern und Absatzmittlern

Neben dem Sportsponsoring lassen sich Unterstützungen im Sinne eines Sponsorings auch in den Bereichen **Medien, Kultur, Umwelt und Sozialwesen aufzeigen.**

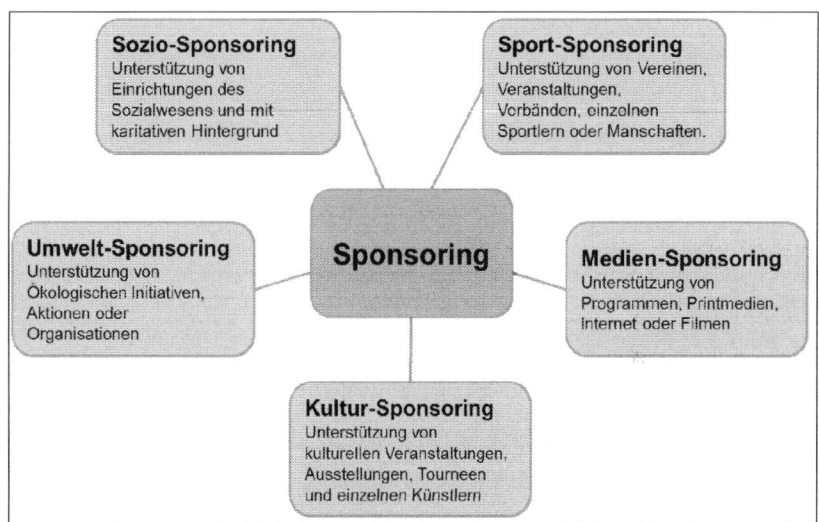

Abbildung 69: Arten des Sponsoring
(Vergossen 2004, S.283)

Die Ausgestaltungsvarianten des Sponsorings sind sehr vielfältig. In einer weiterführenden Typologisierung sind verschiedene **Merkmalskategorien** hilfreich. Betrachtet man die **Seite des Sponsors**, kann differenziert werden nach:

- **Art der Sponsorenleistung:** Geldmittel, Sachmittel, Dienstleistung, Know-how
- **Anzahl der Sponsoren:** Exklusiv-Sponsorchip, Co-Sponsorship
- **Art des Sponsors:** Leistungen, Unternehmen, Stiftungen
- **Initiator des Sponsoring:** eigeninitiiert, fremdinitiiert
- **Vielfalt des Sponsorings:** konzentriert, differenziert
- **Art der Nutzung:** isoliert, integriert

Auf der Seite des **Gesponserten** können folgende Merkmale zur weiteren Differenzierung herangezogen werden:

- **Art der Gegenleistung:** Werbung in Veranstaltungen, Nutzung von Prädikaten, Einsatz in der Unternehmenskommunikation
- **Art der Gesponserten:** Professionelle, Amateure
- **Leistungsklasse:** Breitenebene, Leistungsebene, Spitzenebene
- **Gesponserte Institution:** Verbände, Vereine, Stiftungen, öffentliche oder gemeinnützige Organisationen
- **Gesponserte Veranstaltung:** offizielle Veranstaltungen, inoffizielle Veranstaltungen, eigens kreierte Projekte

Die Auswahl einer geeigneten Sponsoring-Aktivität sollte in einem ersten Schritt die **Verbindung zwischen Unternehmen bzw. Marke und dem Gesponserten** überprüfen. Hierzu sind im Einzelnen zu betrachten:

- **Produktaffinität** (z.B. durch produktnamensbezogene Ähnlichkeiten)
- **Zielgruppenaffinität:** Überschneidung der Zielgruppen einerseits des Sponsors und andererseits des Gesponserten
- **Imageaffinität:** Ähnlichkeit oder Transformierbarkeit zwischen dem Image des Unternehmens bzw. des Produktes und des Gesponserten
- **Know-how-Bezug:** Nutzung des Know-hows des Sponsors zur Förderung des Gesponserten
- **Regionalbezug:** Unterstützung von Aktivitäten im Einzugsgebiet des Unternehmens

Im zweiten Schritt sind die verbliebenen potenziellen Sponsoring-Aktivitäten anhand weiterer Kriterien zu selektieren. Diese **Feinauswahl** betrachtet die...

- Leistungen und Erfolge des Gesponserten,
- Bekanntheit und Sympathie in der Zielgruppe,
- Beurteilung und Akzeptanz durch die Zielgruppe,
- Qualität der Öffentlichkeitsarbeit der gesponserten Organisation,
- Attraktivität der Veranstaltungen des Gesponserten für die Medien,
- Kosten des Sponsorships.

Bei den **Kosten** sind neben den direkten Beiträgen für den Gesponserten auch die Kosten für die öffentlichkeitswirksame Vermarktung des Sponsorings zu berücksichtigen.

Zu den wesentlichen **Vorteilen** des Sponsorings zählt, dass die Adressaten in einem entspannten und erlebnisorientierten Umfeld angesprochen werden und deshalb eine **geringere Reaktanz** im Vergleich zur klassischen Werbung aufgebaut wird. Auch lassen sich gegebenenfalls Werbeverbote umgehen und bei geeigneter Auswahl können Streuverluste verringert werden.

Als **Nachteil** muss beachtet werden, dass eine **Erfolgskontrolle**, z.B. eine Berechnung von Tausender-Kontakt-Preisen, schwierig zu realisieren ist. Die Möglichkeiten komplexere Botschaften zu übermitteln sind sehr beschränkt und der Sponsor tritt häufig sehr stark in den Hintergrund. Auch existiert eine große Abhängigkeit von dem Gesponserten. Wird beispielsweise der gesponserte Sportler plötzlich des Dopings überführt, kann auch im negativen Sinn ein Imagetransfer zum Sponsor geschehen.

5.3.8 Product Placement

Die werbewirksame Integration oder **Platzierung von Produkten und Dienstleistungen in Medienprogrammen** (Fernsehen, Kino, Video) mit der Zielsetzung, den Markterfolg zu verbessern, bezeichnet man als Product Placement.

Zunehmender Wettbewerb vor allem auf Konsumgütermärkten und eine offensichtlich nachlassende Wirkung klassischer Medialwerbung, haben wesentlich das Entstehen und die verstärkte Verbreitung des Product Placement begründet. Hinzu kommt, dass die wachsende Anzahl von Medienprogrammen die Möglichkeiten hierzu vergrößert haben. Auch die Globalisierung der Konsumentenmärkte spricht in vielen Fällen für dieses Instrument, da durch eine geeignete Produktplatzierung in internationalen Film- oder TV-Produktionen vergleichsweise einfach **Zielgruppen weltweit angesprochen** werden können.

Zu den weiteren **Vorteilen** des Product Placement zählen:

- Darstellung des Produktes **ohne offensichtliche Kaufbeeinflussung** und damit geringere Kaufwiderstände
- **Lern- und Konditionierungseffekte** durch Mehrfacheinblendungen über längere Zeiträume

- Verstärkung der Werbewirkung durch möglichen **Imagetransfer**, beispielsweise durch agierende Schauspieler und mögliches emotionales Berührtsein des Zuschauers
- **Glaubwürdigkeit**
- **Gefahr des Zappings** seitens des Zuschauers ist wesentlich **geringer** als bei Werbeblöcken

Gestalterisch sind diesem Instrument jedoch Grenzen gesetzt. Eine genaue Umsetzung und Übermittlung von Kommunikationsbotschaften ist häufig nur beschränkt möglich.

5.3.9 Online-Marketing

Durch die ständig wachsende Verbreitung des Internet, schnellere Übertragungsraten und neue Technologien hat die Bedeutung des Online-Marketing in den vergangenen Jahren stark zugenommen. Mittlerweile können über zwei Drittel der Bundesbürger online erreicht werden, bei den jüngeren Bevölkerungsschichten beträgt die Verbreitung des Internet nahezu 100% (vgl. Van Eimeren; Frees 2008). Parallel dazu finden auch immer mehr Unternehmen den Weg ins Internet: 78% der deutschen Unternehmen verfügen über eine eigene Internetpräsenz (EUROSTAT 2007).

Das übergeordnete Ziel der Maßnahmen im Online-Marketing ist es in der Regel, **Besucher auf die eigene Website zu lenken**, um dort Umsätze zu generieren oder anzubahnen. Zu diesen **Maßnahmen** zählen (vgl. Bernecker; Beilharz 2009):

- **Suchmaschinenoptimierung:** Suchmaschinen spielen eine erhebliche Rolle bei der Generierung von Websitebesuchern (Traffic). So nutzen ca. 88% aller Internetnutzer Suchmaschinen wie Google, um Informationen im Internet zu finden. Eine hohe Position für häufig gesuchte Begriffe stellt daher einen wichtigen Wirtschaftsfaktor dar. Im Rahmen der Suchmaschinenoptimierung wird versucht, die Website sowie deren Umfeld so gut wie möglich an die Anforderungen der Suchmaschinen anzupassen und so das **Ranking der Website** zu **beeinflussen**. Neben der Programmierung der Website spielen vor allem die Verteilung der Suchbegriffe im sichtbaren Seitentext sowie die Anzahl und Qualität der eingehenden Links **(Backlinks)** eine wichtige Rolle.

- **Keyword-Advertising** (häufig auch Suchmaschinenmarketing **(SEM)**) genannt) ist eine Form der Online-Werbung, bei der **Anzeigenplätze auf den Ergebnisseiten von Suchmaschinen** genutzt werden. Der Anzeigenkunde bucht z.B. bei Google AdWords eine beliebige Anzahl von Suchbegriffen. Gibt ein Suchmaschinennutzer einen dieser Suchbegriffe ein, wird die Anzeige neben den normalen Suchergebnissen eingeblendet. Die Bezahlung erfolgt in der Regel für jeden erfolgten Klick auf die Anzeige **(Pay per Click)**.

- **Online-Werbung:** Nicht nur Suchmaschinen, sondern auch viele andere Websites stellen Anzeigenplätze zur Verfügung. Anzeigenkunden buchen diese Plätze, um dort Online-Anzeigen **(Banner)** zu schalten. Durch neue Technologien können diese Banner nicht nur statische Bilder oder bewegte Animationen, sondern auch multimediale und interaktive Elemente enthalten. Die Abrechnung erfolgt entweder ähnlich dem Keyword-Advertising auf Klickbasis oder auf Basis von Impressionen, z.B. mit einem fixen Betrag pro 1.000 Einblendungen.

- **E-Mail-Marketing:** Das Versenden von **Mailings** und **Newslettern** über das Internet bietet gegenüber dem herkömmlichen Versand von Werbebriefen einige Vorteile. Neben einer genaueren Messbarkeit, einer schnellen Versandgeschwindigkeit und optimaler Personalisierungsmöglichkeiten stechen besonders die **sehr geringen Kosten pro Empfänger** hervor. Diese Vorteile öffnen allerdings auch dem Versand unerwünschter Werbemails **(Spam)** Tür und Tor, so dass sich E-Mail-Marketer ständig mit neuen Herausforderungen konfrontiert sehen (Spamfilter, Informationsüberflutung und Misstrauen seitens der Empfänger etc.). Nichtsdestotrotz können durch die geschickte Verwendung von Newslettern und Mailings hohe Antwort- bzw. Responseraten erzielt werden.

- **Aktuelle Trends:** Ständig tauchen neue Trends im Online-Marketing auf. Neben „etablierten Trends" wie Twitter, Blogs, Podcasts und Social Communities spielen besonders technische Neuerungen wie RSS-Feeds und multimediale Inhalte eine tragende Rolle.

Schlüsselwörter

Sender, Rezipient, SOR-Modell, USP, Involvement, „Above-the-Line"- und „Below-the-Line"-Instrumente, Klassische Werbung, PR, Verkaufsförderung, Direktmarketing, Messen, Events, Sponsoring, Product Placement, Online-Marketing

Aufgaben zur Lernkontrolle

- Beschreiben Sie den Aufbau des SOR-Modells.
- Grenzen Sie Verkaufsförderung und PR unter Heranziehung wichtiger Eigenschaften voneinander ab.
- Welche Ziele werden primär durch die Teilnahme an Messen verfolgt?
- Welche Formen des Sponsorings können unterschieden werden?

Literatur zur Vertiefung

- Bruhn, M. (2009a): Kommunikationspolitik – Systematischer Einsatz der Kommunikation für Unternehmen, 5. Auflage, Vahlen, München
- Bernecker, M.; Beilharz, F. (2009): Online-Marketing, johanna Verlag, Köln
- Huth, R.; Pflaum, D. (2005): Einführung in die Werbelehre 7. Auflage, Stuttgart, Kohlhammer
- Meffert, H. et al. (2008): Marketing - Grundlagen marktorientierter Unternehmensführung, 10. Auflage, Gabler, Wiesbaden
- Schneider, K. (2003): Werbung in Theorie und Praxis, 6. Auflage, M&S, Waiblingen
- Schweiger, G.; Schrattenecker, G. (2005): Werbung - Eine Einführung, 6. Auflage, Lucius und Lucius, Stuttgart
- Steffenhagen, H. (2008): Marketing, Kohlhammer, Stuttgart
- Vergossen, H. (2004): Marketing-Kommunikation, Kiehl, Ludwigshafen

5.4 Distributionspolitik

Die Distributionspolitik bezieht sich auf alle Entscheidungen und Handlungen, die mit dem Weg eines Produktes vom Hersteller bis zum Endkäufer, das heißt von der Produktion bis zum Konsum bzw. zur gewerblichen Verwendung, in Verbindung stehen.

Hierbei können zwei grundlegende Aufgabenbereiche unterschieden werden: die akquisitorische Distribution und die physische Distribution. Während es im Rahmen der **akquisitorischen Distribution** vor allem um die **Gestaltung und Organisation des Vertriebsnetzes** (Wahl der Absatz- bzw. Distributionsorgane, Gestaltung der Hersteller-Händler-Beziehungen, Organisation des persönlichen Verkaufs) geht, steht bei der **physischen Distribution** die **Warenverteilung** (Standortwahl, Wahl der Transportmittel und Transportwege, Lagerhaltung) im Mittelpunkt (vgl. Ahlert 1991).

Jedes Unternehmen muss für sich klären, durch welche Absatz- bzw. **Distributionsorgane** die erforderlichen Aufgaben auf dem Weg der Produkte vom Produzenten zum Konsumenten übernommen werden sollen.

„Als Distributionsorgane (synonym: Absatzorgane, Vertriebsorgane) bezeichnet man alle Personen und/oder Institutionen, die auf dem Weg eines Produktes, vom Hersteller bis hin zur nächsten konsumtiven oder produktiven Verwendung, Distributionsaufgaben wahrnehmen" (Scharf; Schubert 2001).

5.4.1 Absatzwege

Der **Distributionsweg** (synonym: Absatzweg, Vertriebsweg) ist gekennzeichnet durch die Gesamtheit der an der Abwicklung von Distributionsaufgaben beteiligten Organe. Grundsätzlich kann hierbei zwischen direktem und indirektem Absatzweg unterschieden werden.

➤ **Direkte Distribution**
Bei der direkten Distribution verkauft der Produzent seine Produkte **direkt an die Kunden**. Das heißt, der Hersteller gestaltet die Warenverkaufs-

prozesse selbst, ohne rechtlich und wirtschaftlich selbständige Handelsunternehmen einzuschalten. Auf diese Weise besteht ein direkter und unmittelbarer Kontakt zwischen Hersteller und Endverbrauchern. Direkte Distributionssysteme spielen vor allem im **Industriegüterbereich** eine wichtige Rolle. Die absatzpolitischen Aufgaben können dabei sowohl durch **unternehmensinterne Organe** (Verkaufsabteilung, Außendienstmitarbeiter, Reisende, Verkaufsniederlassung etc.) als auch durch **fremde bzw. unternehmensexterne Organe** (z.B. Handelsvertreter, Makler) übernommen werden. Insbesondere bei großen Unternehmen werden häufig eigene Verkaufsstützpunkte, Fabrikläden (Factory Outlet Stores) oder Verkaufsniederlassungen in den direkten Absatzweg eingeschaltet.

Eine weitere Form des direkten Vertriebs stellt der **Verkauf über das Internet** dar. Hier bieten Unternehmen auf ihrer Homepage bzw. in einem speziellen e-Shop ihre Leistungen zum Verkauf an. Die Kontaktaufnahme, der Informationsaustausch sowie der Vertragsabschluss finden auf elektronischem Weg statt. Lediglich die Warenauslieferung muss (mit der Ausnahme von digitalen Gütern) auf dem physischen Weg organisiert werden.

> ➤ **Indirekte Distribution**

Bei der indirekten Distribution sind **Absatzmittler** – Einzel- und/oder Großhändler – in den Distributionsweg eingeschaltet. Dies bedeutet, dass der Produzent einen Großteil der **Handelsaufgaben an die eingeschalteten Handelsunternehmen überträgt**. Indirekte Distributionssysteme spielen im **Konsumgüterbereich** die wichtigste Rolle, da es hier um die Versorgung eines Massenmarktes geht und ein direkter Kontakt zwischen Hersteller und Endverbraucher somit nicht sinnvoll bzw. möglich wäre.

Für den indirekten Distributionsweg ist zudem eine Unterteilung in eine **einstufige**, indirekte Distribution (Hersteller verkauft an Einzelhändler und dieser an die Endkunden) und einen **mehrstufigen**, indirekten **Distributionsweg** (Großhändler und Einzelhändler an Warenverkauf beteiligt) üblich.

Die Vielzahl der potenziellen Absatzwege muss durch jedes Unternehmen auf eine effiziente Anzahl reduziert werden. Dabei bieten sich unterschiedliche Entscheidungskriterien für die Wahl des optimalen Vertriebsnetzes an:

Kriterien bei der Absatzwegewahl	
Konsumentenbezogen	**Konkurrenzbezogen**
▪ Einkaufsgewohnheiten ▪ Bevölkerungszahl ▪ Aufgeschlossenheit	▪ Zahl der Mitbewerber ▪ Art der Produkte ▪ Angebotsmodalitäten
Produktbezogen	**Unternehmensbezogen**
▪ Erklärungsbedürftigkeit ▪ Lagerfähigkeit ▪ Transportfähigkeit ▪ Bedürfnishäufigkeit	▪ Größe ▪ Finanzkraft ▪ Erfahrung ▪ Art der übrigen Produkte
Absatzmittlerbezogen	**Soziale & rechtliche Faktoren**
▪ Art und Anzahl der Absatzmittler ▪ Standort und Verfügbarkeit ▪ Vertriebskosten ▪ Art und Struktur der Bindungen	▪ Öffentliche Meinung, Wertvorstellungen ▪ Gesetzliche Einschränkungen ▪ (Diskriminierungs- & Boykottverbot) ▪ Vorbehalte bestimmter Geschäftsformen

Abbildung 70: Kriterien bei der Absatzwegewahl
(Meffert 2000)

Als wesentliche Zielgröße zeigt der **Distributionsgrad** die relative Verfügbarkeit der Waren im Absatzkanal an. Ein hoher Distributionsgrad deutet darauf hin, dass die Waren des Herstellers in nahezu jeder Verkaufsstelle verfügbar sind. Ein niedriger Distributionsgrad muss durch einen hohen Lieferservice kompensiert werden, um eine **Ubiquität** (Überallerhältlichkeit) zu realisieren.

5.4.2 Handelsfunktionen

Die Einschaltung des Handels führt für den Produzenten zu einer Senkung seines Verkaufspreises, da der Handel für seine Bemühungen eine Handelsspanne erhält. Die **Höhe der Handelsspanne** ist regelmäßig von den **Funktionen** abhängig, die der Handel im Einzelnen übernimmt.

- **Raumausgleichsfunktion:** Der Handel bietet dem Verbraucher bzw. Verwender die Ware direkt am Verbrauchs- bzw. Verwendungsort an.

- **Zeitausgleichsfunktion:** Wenn die Herstellung und der Verbrauch bzw. die Verwendung nicht parallel verlaufen, wird eine Lagerhaltung nötig, die entweder vom Hersteller oder vom Handel übernommen wird.

- **Preisausgleichsfunktion:** Durch Aufkauf von Waren in Zeiten eines Überangebots und schrittweisen Lagerabbau in Zeiten eines Nachfrageüberschusses werden Preiszusammenbrüche und übermäßige Preissteigerungen vermieden.

- **Mengenausgleichsfunktion:** Da die meisten Güter in kleinen haushaltsüblichen Mengen nachgefragt werden, aber in Großserien gefertigt werden, übernimmt der Handel die Verteilung der Großmengen an die Einzelnachfrager.

- **Sortimentsfunktion:** Der Handel stellt aus den einzelnen Produkten der diversen Hersteller ein nachfrageorientiertes Sortiment zusammen.

- **Vordispositionsfunktion:** Durch die Übernahme der Verteilungsaufgabe erleichtert der Handel dem Hersteller die Produktionsmengenplanung und nimmt ihm das Absatzrisiko ab.

- **Beratungsfunktion:** Ein ständig steigender Anteil an den privaten Einkäufen fällt auf komplizierte technische Artikel, die der Verbraucher ohne eine eingehende Beratung vor dem Kauf und eine Betreuung nach dem Kauf nicht optimal nutzen kann.

- **Kreditfunktion:** Manche Verbraucher ziehen das Absparen nach dem Kauf dem Ansparen vor dem Kauf vor, damit sie sofort über die Güter verfügen können.

5.4.3 Reisender vs. Handelsvertreter

Zu den klassischen distributionspolitischen Entscheidungskalkülen zählt die Entscheidung zwischen dem betriebsfremden Handelsvertreter und dem angestellten Reisenden:

- Der **Handelsvertreter** vermittelt nach § 84 Abs. 1 HGB als **selbständiger Gewerbetreibender** für andere Unternehmen Geschäfte und schließt sie in deren Namen ab. Handelsvertreter können als Einfirmen- oder als Mehrfirmenvertreter in Erscheinung treten. Die Entlohnung erfolgt durch ein **relativ geringes Fixum** für grundlegende administrative Aufgaben und eine **relativ hohe Provision** für die vermittelten Umsätze.

- Der **Reisende** ist **fest angestellt** und dadurch sehr viel stärker weisungsgebunden als der Handelsvertreter. Auch sein Gehalt beinhaltet meist variable, erfolgsabhängige Bestandteile, die aber keinen so großen Anteil ausmachen, wie beim Handelsvertreter.

Trotz der grundlegenden Unterschiede erfüllen beide im Rahmen der Distribution ein **gleiches Aufgabenfeld**. Daher konzentriert sich das **Entscheidungsproblem** zwischen Handelsvertreter und Reisendem auf die Frage, wer die Aufgaben kostengünstiger und effizienter erfüllen kann. Für dieses Entscheidungsproblem empfiehlt sich ein zweistufiges Vorgehen. Zunächst wird ein quantitativer Kostenvergleich durchgeführt. Da sich die Aufgabenerfüllung aber auch qualitativ unterscheidet, wird anschließend ein qualitativer Vorteilhaftigkeitsvergleich durchgeführt.

➢ **Schritt 1: Kostenvergleich Reisender vs. Handelsvertreter**
Für beide Alternativen sind zunächst **Kostenfunktionen** aufzustellen, die das Fixum und die üblicherweise umsatzabhängigen, variablen Bestandteile beinhaltet.

Kostenfunktion **Reisender**: $K_R = K_R^{fix} + q_R \cdot x \cdot p$

Kostenfunktion **Handelsvertreter**: $K_{HV} = K_{HV}^{fix} + q_{HV} \cdot x \cdot p$

Anschließend ist der **kritische Umsatz** zu ermitteln, bei dem beide Alternativen die gleichen Kosten verursachen:

$$K_R = K_{HV} \Leftrightarrow K_R^{fix} + q_R \cdot x \cdot p = K_{HV}^{fix} + q_{HV} \cdot x \cdot p$$
$$\Leftrightarrow q_R \cdot (x \cdot p) - q_{HV} \cdot (x \cdot p) = K_{HV}^{fix} - K_R^{fix}$$
$$\Leftrightarrow U \cdot (q_R - q_{HV}) = K_{HV}^{fix} - K_R^{fix}$$

$$\Leftrightarrow U_{krit} = \frac{K_{HV}^{fix} - K_R^{fix}}{q_R - q_{HV}}$$

Die Struktur der Gleichungen zeigt, dass bei unterhalb des kritischen Wertes zu erwartenden Umsätzen die Alternative zu wählen ist, die die geringeren Fixkosten verursacht, also der Handelsvertreter. Erst über diesen Werten hinaus sollte das Unternehmen einen fest angestellten Reisenden einsetzen.

➢ **Schritt 2: Qualitativer Vorteilhaftigkeitsvergleich**

Beschränkt man den Vergleich auf einen reinen Kostenvergleich, dann werden wichtige qualitative Einflussfaktoren nicht berücksichtigt. Daher sollte zusätzlich ein Alternativenvergleich mithilfe eines **Punktbewertungsverfahrens** durchgeführt werden. Dabei sind einzelne **qualitative Kriterien** gemäß ihrer subjektiv empfundenen Bedeutung zu **gewichten** und dann beide Alternativen hinsichtlich der Kriterien zu **bewerten**. Die Alternative, die die höchste gewichtete Punktsumme erhält, wird gewählt. Die folgende Abbildung zeigt einen exemplarischen Vergleich.

Kriterien	Gewicht	Reisender		Handelsvertreter	
Flexibilität	5 *	6	= 30	4	= 20
Marktkenntnis	3	3	9	8	24
Steuerbarkeit	2	8	16	5	10
Zusatz-aufgaben	2	6	12	3	6
Qualität der Beratung	4	7	28	5	20
Verkaufs-aktivitäten	6	6	36	9	54
Summe			**131**		**134**

Abbildung 71: Scoring-Modell

Das Punktbewertungsverfahren **(Scoring-Modell)** ist ein **subjektives Verfahren**, mit dem mehrdimensionale Probleme durch den Anwender situationsspezifisch abgebildet werden können. Die Auswahlentscheidung kann mit dieser Methode dokumentiert werden und ist damit intersubjektiv nachprüfbar. Das Verfahren ist aber **leicht zu manipulieren** und schon leichte Veränderungen der Gewichtungsfaktoren und der Punktwerte können zu anderen Ergebnissen führen.

5.4.4 Logistik

Zusätzlich zu den Überlegungen der Absatzkanalanalyse müssen Probleme der physischen Distribution gelöst werden. Diese **physische Distribution** wird in der Regel Logistik genannt und umfasst den Transport, die Lagerung von Roh-, Halb- und Fertigfabrikaten sowie die damit zusammenhängenden Informationen vom Liefer- zum Empfangspunkt (vgl. Meffert 2000).

Der **Lieferservice** ist die dominierende Zielgröße in der Marketinglogistik und setzt sich aus den Komponenten Lieferzeit, Lieferzuverlässigkeit, Lieferbeschaffenheit und Lieferflexibilität zusammen.

Im Rahmen der operativen Gestaltung der Marketinglogistik sind Entscheidungen über die Lagerhaltung und Entscheidungen über die einzusetzenden Transportmittel zu treffen.

Das Problem der **Lagerhaltung** muss in folgende Teilprobleme aufgesplittet werden:

- Festlegung der **Anzahl der Stufen des Warenverteilungssystems**: Analog zur Entscheidung der Absatzkanäle muss entschieden werden, ob und wie viele **Zwischenlager** einzuschalten sind.

- Entscheidung über die **Lagereinrichtung**: Neben der Anzahl ist der Lagerstandort, die Lagergröße, das Einzugsgebiet und die Ausstattung des Lagers zu determinieren.

- Entscheidung über die **Errichtung eines Eigenlagers oder eines fremden Lagers**: Dabei handelt es sich um eine **Make-or-Buy-Entscheidung**, die mithilfe von Scoring-Modellen unterstützt werden kann.

- Entscheidung über die **Lagerbestände:** Zusätzlich ist die Entscheidung zu treffen, ob eine **selektive oder vollständige Lagerhaltung** aller Produkte in den ausgewählten Lagern zu realisieren ist.

Die Entscheidungen über den Einsatz von **Transportmitteln** lassen sich meistens mithilfe eines einfachen Kostenvergleichs lösen. Dabei sind die Kosten der verschiedenen Transportmittel in Abhängigkeit von der Liefermenge darzustellen. Die nachfolgende Abbildung zeigt einen solchen Kostenvergleich. Dabei werden die drei Alternativen Luftfracht, Einsatz einer Spedition und Bahntransport gegenübergestellt.

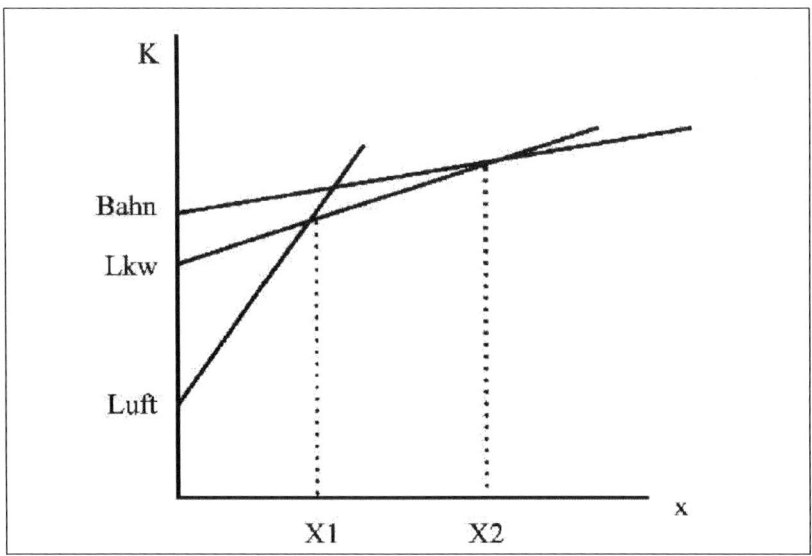

Abbildung 72: Kostenvergleich alternativer Transportmittel

Die Ermittlung des optimalen Transportmittels erfolgt unter Anwendung eines Kostenvergleichs mit Berücksichtigung des zu transportierenden Volumens.

Schlüsselwörter

Absatzwege, direkte und indirekte Distribution, Distributionsgrad, Handels-funktionen, Handelsvertreter, Reisender, Scoring-Modell

Aufgaben zur Lernkontrolle

- Welche Kriterien können bei der Wahl des Absatzweges herangezogen werden?

- Für ein gegebenes Absatzgebiet kann ein Reisender (Fixum: 2400 EURO, Provision: 2% vom Umsatz) oder ein Handelsvertreter (Fixum: 800 EURO; Provision: 5% vom Umsatz) eingesetzt werden. Ist der Reisende oder der Handelsvertreter vorzuziehen?

- Führen Sie (stichwortartig) einen qualitativen Vorteilhaftigkeitsvergleich zwischen Reisenden und Handelsvertretern anhand der folgenden Kriterien durch: vertragliche Bindung, Absatzrisiko, Marktnähe, Marktinformation und Steuerungsmöglichkeiten.

Literatur zur Vertiefung

- Ahlert, D. (2005): Distributionspolitik, 4. Auflage, UTB, Stuttgart
- Kotler, P.; Bliemel, F. (2007): Marketing-Management, 12. Auflage, Schäffer-Poeschel, Stuttgart
- Meffert, H. (2000): Marketing, 9. Auflage, Gabler, Wiesbaden
- Nieschlag, R.; Dichtl, E.; Hörschgen, H. (2002): Marketing, 19. Auflage, Duncker & Humblot, Berlin
- Weis, H.C. (2004): Marketing, 13. Auflage, Kiehl, Ludwigshafen

5.5 Preispolitik

Im Rahmen der Preispolitik geht es um die **Festlegung und Gestaltung der Gegenleistungsforderungen**, die die Kunden für die am Markt angebotenen Produkte und Dienstleistungen zahlen müssen. Innerhalb der Unternehmenspraxis können unterschiedliche **Anlässe für Preisentscheidungen** unterschieden werden (vgl. Diller 1991):

- **Erstmalige Festlegung des Preises:** Eine erstmalige Festlegung eines Angebotspreises ist bei der Entwicklung und Markteinführung eines neuen Produktes erforderlich. Auch bei der Aufnahme eines neuen (dazu gekauften) Produktes in das eigene Absatzprogramm oder beim Eintritt in einen neuen Absatzmarkt ist der Preis für ein Erzeugnis erstmalig zu bestimmen.

- **Laufende Preisänderungen:** Im Verlauf des Lebenszykluses eines Produktes werden in der Regel gelegentliche Preisanpassungen bzw. -änderungen vorgenommen. Anlässe für solche preispolitischen Entscheidungen sind beispielsweise Veränderungen in der Kostensituation in Beschaffung, Produktion oder im Vertrieb, Veränderungen in der Konkurrenzsituation (z.B. Markteintritt neuer Konkurrenten, Preisänderungen der Konkurrenz), veränderte gesetzliche Regelungen (z.B. Erhöhung der Mineralölsteuer) oder Veränderungen im Verhalten der Kunden (z.B. verstärkte Preisorientierung der Kunden).

- **Einmalige Anlässe:** Neben gelegentlichen, laufenden Preisanpassungen können auch einmalige Situationen den Anlass für eine Preisänderung darstellen. Dies ist beispielsweise der Fall bei einem Abverkauf, bei einem Rückzug vom Markt oder bei Sonderverkäufen (z.B. Jubiläumsverkauf, Saisonschlussverkauf).

5.5.1 Bestimmung des optimalen Angebotspreises

Was ist eigentlich ein guter Preis?
Im Grunde klingt die Frage so banal und ist gleichzeitig doch sehr schwierig zu beantworten. Denn um den optimalen Preis zu finden, müssen gleichzeitig verschiedene Aspekte und Einflussfaktoren berücksichtigt werden. Die

folgenden Aussagen bringen beispielhaft zum Ausdruck, wie komplex das Thema Preisfindung tatsächlich ist.

Auf die Fragen nach dem optimalen Preis finden wir in der Praxis häufig die folgenden Antworten:

- „Ein guter Preis liegt über den Grenzkosten – je größer das Delta, umso besser!"
- „Ein guter Preis ist das, was dem Kunden die Lösung wert ist."
- „Was ein guter Preis ist, kann ich leider nicht alleine bestimmen, sondern das hängt auch ganz entscheidend von den Preisen unserer Konkurrenten ab."

Die angeführten Beispiele bringen einen wichtigen Sachverhalt sehr treffend zum Ausdruck: Bei der Gestaltung des optimalen Angebotspreises eines Produktes müssen **unterschiedliche Bereiche berücksichtigt** werden: Die **Nachfragersituation**, die **Preisgestaltung der Konkurrenten** sowie die **Kostensituation** im eigenen Unternehmen. Entsprechend dieser drei Bereiche können markt- bzw. nachfragerorientierte, konkurrenzorientierte und kostenorientierte Verfahren zur Preisbestimmung unterschieden werden.

Die markt- bzw. **nachfrageorientierte Festsetzung des Angebotspreises** basiert auf der **Einschätzung des Preisverhaltens der Konsumenten**. Zur Erklärung des Preisverhaltens der Abnehmer ist vor allem die **Preis-Absatz-Funktion (PAF)** von zentraler Bedeutung.

Die PAF kann interpretiert werden als der **geometrische Ort aller mengen-mäßigen Reaktionen der Kunden auf alternative Preisforderungen für ein bestimmtes Angebot**. Sie zeigt den Zusammenhang zwischen der Höhe der **Preisforderung p** für ein **Erzeugnis i** und der zu **erwartenden Absatzmenge x** für dieses Erzeugnis.

In der **Steigung** der Preis-Absatz-Funktion schlägt sich die Preiselastizität der Nachfrage nieder. Diese gibt an, wie sensibel die Nachfrager auf Preisänderungen reagieren. Eine **preiselastische Nachfrage** bedeutet, dass eine bestimmte Preisänderung zu einer starken (überproportionalen) Nachfrageänderung führt. Für die **preisunelastische Nachfrage** gilt, dass die Nachfrageänderung unterproportional zu der sie auslösenden Preisänderung ist. Im Normalfall ist die Steigung der PAF negativ, da eine Preiserhöhung zu einem Rückgang der nachgefragten Menge führt.

Die folgende Abbildung stellt die einfachste Form einer linear-fallenden Preis-Absatz-Funktion dar (vgl. Scharf; Schubert 2001).

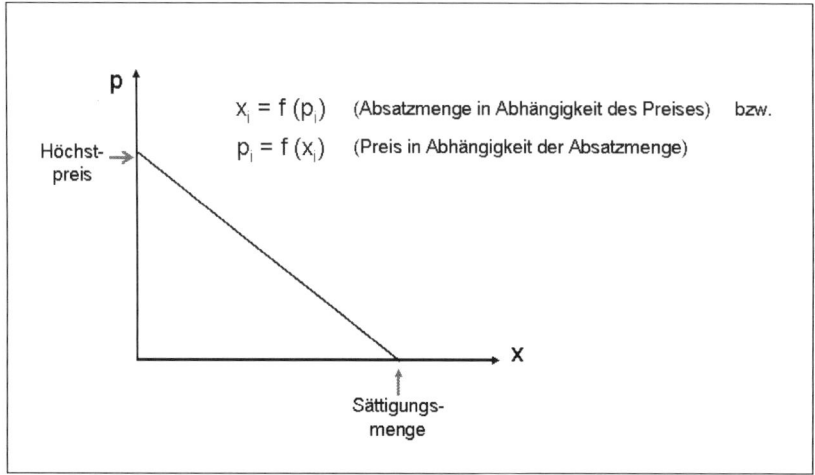

Abbildung 73: Preis-Absatz-Funktion

Neben der Preis-Absatz-Funktion können bzw. sollten noch weitere nachfragerbezogene Faktoren in die Entscheidungen zur optimalen Preisgestaltung einbezogen werden. Hierbei sind vor allem die folgenden **psychischen Faktoren** von Bedeutung (vgl. Diller 1991):

- **Preisinteresse:** Das Preisinteresse lässt sich als das Bedürfnis eines Nachfragers nach Preisinformationen definieren, die er bei seinen Kaufentscheidungen berücksichtigt. Die Berücksichtigung des Preisinteresses der Kunden bei der Preisfestlegung ist vor allem wichtig, weil in den letzten Jahren ein deutlicher Trend zu einem stärkeren Preisinteresse beobachtet werden konnte. Dabei zeigt sich in vielen Branchen und Produktbereichen eine **stärkere Preissensibilität** vieler Konsumenten.

- **Beurteilung der Preisgünstigkeit:** Dieses Kriterium bezieht sich auf das Urteilsverhalten der Kunden. Im hier relevanten Fall wird der Preis eines Erzeugnisses im **Vergleich zu den Preisen der Konkurrenzprodukte** beurteilt und bei den anstehenden Kaufentscheidungen berücksichtigt.

- **Beurteilung der Preiswürdigkeit:** Das Kriterium der Preiswürdigkeit bezieht sich auf das **wahrgenommene Preis-Leistungs-Verhältnis** und lässt sich insofern als Vergleich zwischen Preis und wahrgenommener Qualität eines Erzeugnisses interpretieren.

Ferner wird in der Unternehmenspraxis häufig auch ein **konkurrenzorientiertes Vorgehen** gewählt. Hier können grundlegend drei **strategische Optionen** unterschieden werden (vgl. Scharf; Schubert 2001):

- Preisfestsetzung **unterhalb der Konkurrenzpreise**: Bei dieser Alternative wird eine preisliche Unterbietung der Konkurrenzangebote angestrebt. Ein solches Vorgehen findet sich häufig in Zusammenhang mit einer strategischen Ausrichtung einer **Preis- bzw. Kostenführerschaft**. Die niedrigen Umsätze pro Stück sollen durch **hohe Absatzmengen** ausgeglichen werden. Zudem wird eine Preisstellung unterhalb der Konkurrenz häufig beim Eintritt in einen neuen Markt gewählt, vor allem wenn es sich bei dem angebotenen Erzeugnis um ein Me-too-Produkt (Imitation) handelt.
- Preisfestsetzung **auf Konkurrenzpreisniveau**: Die eigene Preissetzung orientiert sich an einem (oder mehreren) Preisführern im Markt. Ein solches Vorgehen ist vor allem geeignet, um **Preiskämpfe** zu **vermeiden**, und empfiehlt sich vor allem für Märkte mit homogenen Produkten (z.B. Mineralölbranche).
- Preisfestsetzung **oberhalb der Konkurrenzpreise**: Ein solches Vorgehen ist nur bei einer **ausgeprägten Qualitätsführerschaft** im Rahmen einer **Präferenzstrategie** Erfolg versprechend. Die Option wird vor allem bei sehr innovativen Produkten oder bei prestigeträchtigen Marken gewählt.

Grundgedanke beim **kostenorientierten Vorgehen** ist es, mit der Preisforderung bestimmte, verfahrensabhängige **(Voll- oder Teilkostenrechnung)** Kostenbestandteile abzudecken. Kalkuliert man die Preisforderung auf der Basis der betrieblich angefallenen Kosten, so spricht man von einer **progressiven Kalkulation**. Im Rahmen der **retrograden Kalkulation** überprüft man, ob ein bestimmter Verkaufspreis, der durch Markt- und Machtsituation geprägt ist, unter Kostendeckungsgesichtspunkten vertretbar ist.

Im Hinblick auf das Gesamtsortiment eines Anbieters kann es zweckmäßig erscheinen, nachfrager- und marktseitige Aspekte mit kostenorientierten zu verbinden. Hierbei, bei der sog. **Mischkalkulation** (kalkulatorischer Ausgleich), ist man bereit, bei bestimmten Produkten Kostenunterdeckung, bei anderen Kostenüberdeckung hinzunehmen, wenn das Gesamtergebnis des Sortiments positiv ist. Dies gelingt allerdings nur mit Produkten, die untereinander in **Verbundbeziehungen** stehen. So ist man z.B. bereit, bei Produkten, die den Abverkauf anderer aufgrund komplementärer Beziehung stützen, negative Deckungsbeiträge hinzunehmen, wenn die hohen Deckungsbeiträge der anderen Produkte dies überkompensieren.

5.5.2 Preisentscheidungen mit strategischem Charakter

Neben den grundlegenden Entscheidungen über die Festsetzung von Preisen sind im Rahmen der Preispolitik einige weitere strategische Entscheidungen zu treffen.

➤ **Preislage**
Eine wesentliche betrifft die Bestimmung der **Preislage**. Damit sind die **Festlegung des Einführungspreises sowie die weitere Entwicklung** des Preises im Produktlebenszyklus (PLZ) gemeint. Hier können als grundlegende Optionen die Skimmingstrategie und die Penetrationsstrategie unterschieden werden. Die folgende Abbildung veranschaulicht die Grundidee der beiden Strategiealternativen (vgl. Meffert 2000; Simon 1992).

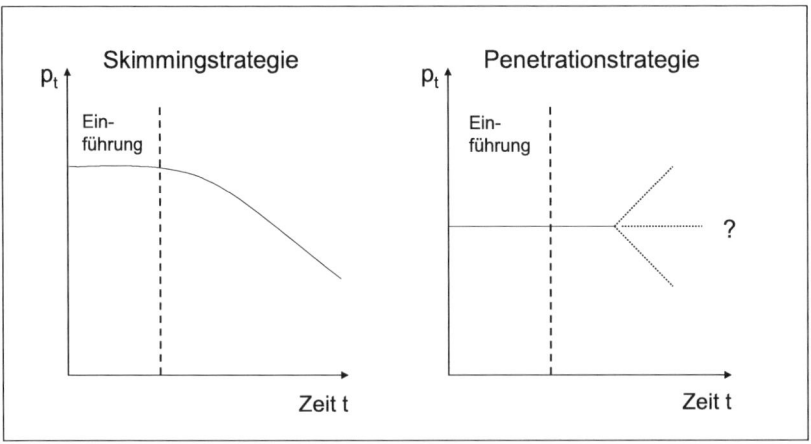

Abbildung 74: Skimming- und Penetrationsstrategie

Die **Skimmingstrategie** ist vor allem durch einen **hohen Preis zur Markt-einführung** gekennzeichnet, der im Verlauf des PLZ und mit zunehmender Markterschließung in der Regel schrittweise gesenkt wird. Ziel dieser Strategie ist die **Marktabschöpfung** (Abschöpfung der vorhandenen Zahlungsbereitschaft). Folgende Faktoren sprechen für die Wahl der Skimmingstrategie als preispolitische Option:

- Es handelt sich um ein **Produkt mit hohem Neuheitsgrad**, so dass die Konsumenten keinen Vergleichsmaßstab für den Preis haben.
- Für das angebotene Erzeugnis soll eine **Qualitätsführerschaft** aufgebaut werden. Das Produkt verfügt über eine entsprechend hohe Qualität. Ein hoher Preis kann hier zu einer Verfestigung der Wertvorstellungen führen und erfüllt insofern die Funktion eines Qualitätsindikators.
- Es gibt **genügend Konsumenten** auf dem Markt, die bereit sind, den hohen Preis für das neue Erzeugnis zu zahlen. Eine spätere Preissenkung ermöglicht es dann, in preissensiblere Segmente vorzudringen.

Die **Penetrationsstrategie** stellt sich im Prinzip als Gegenstück zur Skimmingstrategie dar. Hier wird ein **geringer Markteinführungspreis** gewählt mit dem Ziel, eine **schnelle Marktdurchdringung** zu erreichen. Auf diese Weise sollen mögliche Konkurrenten so lange am Markteintritt gehindert werden, bis das Unternehmen eine beherrschende Marktstellung aufgebaut hat. Der weitere Verlauf der Preisstellung verbleibt zunächst unklar und kann je nach Markt- und Wettbewerbssituation beibehalten, **angehoben oder weiter gesenkt** werden. Die folgenden Faktoren begünstigen die Penetrationsstrategie:

- Viele Kunden des Zielmarktes reagieren preiselastisch **(Preis-Käufer)**.
- Es handelt sich um ein Produkt mit eher **geringem Innovationsgrad**.
- Das Unternehmen verfolgt eine Strategie der **Preisführerschaft**.
- Das Unternehmen verfügt über die notwendigen finanziellen Ressourcen zum Aufbau der erforderlichen **Produktions- und Vertriebskapazitäten**.

➢ **Preisdifferenzierung**
Neben der Preislagenbestimmung stellt die **Preisdifferenzierung** einen zweiten wichtigen Bereich im Rahmen strategischer Preisentscheidungen dar.

„Eine Preisdifferenzierung liegt vor, wenn ein Anbieter seinen Abnehmern eine **gleichartige Sach- oder Dienstleistung** bewusst und systematisch zu **unterschiedlichen Preisen** anbietet" (Scharf; Schubert 2001).

Auch bei der Preisdifferenzierung können unterschiedliche **Ausgestaltungsformen** unterschieden werden (vgl. Scharf; Schubert 2001):

- **Zeitliche Preisdifferenzierung:** Hier werden die Erzeugnisse in Abhängigkeit vom **Verkaufszeitpunkt** zu unterschiedlichen Preisen angeboten. Ziel ist es, eine gleichmäßige Kapazitätsauslastung zu erreichen. Beispiele dieser strategischen Alternative sind günstigere Angebote in verkaufsschwachen Monaten, Preissenkungen zum Ende des PLZ oder günstige „Kennenlern-Preise".

- **Räumliche Preisdifferenzierung:** Die Produkte werden in Abhängigkeit ihres **Absatzgebietes** zu unterschiedlichen Preisen angeboten.

- **Personelle Preisdifferenzierung:** Produkte werden für einzelne **Kundensegmente** zu unterschiedlichen Preisen angeboten, um so die ungleichen Preisbereitschaften der Kundengruppen zu berücksichtigen. Beispiele für eine personelle Preisdifferenzierung sind Vergünstigungen für Schüler, Studenten oder Rentner, Sonderkonditionen für Firmenangehörige, Mitarbeiter des öffentlichen Dienstes oder Journalisten oder Vergünstigungen bei einer Zugehörigkeit zu einer bestimmten Gruppe (z.B. bei Vereinsmitgliedern).

- **Mengenbezogene Preisdifferenzierung:** Produkte werden in Abhängigkeit von ihrer **Verkaufsmenge** zu unterschiedlichen Preisen angeboten. Es handelt sich hierbei praktisch um einen Mengenrabatt, also um eine systematische Gewährung von Preisnachlässen, die sich entsprechend der nachgefragten Menge staffeln. Eine Sonderform der mengenbezogenen Preisdifferenzierung stellt der Mindermengenaufschlag dar.

5.5.3 Konditionenpolitik

Unter Konditionenpolitik werden alle kontrahierungspolitischen Instrumente zusammengefasst, die außer dem Preis Gegenstand vertraglicher Vereinbarungen über das Leistungsentgelt sein können.

Rabatte sind Preisnachlässe, die für bestimmte Leistungen des Abnehmers gewährt werden, die mit dem Produkt zusammenhängen. Folgende Ziele werden mit der Rabattpolitik verfolgt:

- Umsatz- bzw. Absatzausweitung
- Erhöhung der Kundentreue
- Rationalisierung der Auftragsabwicklung
- Steuerung der zeitlichen Verteilung des Auftragseinganges
- Sicherung des Image hochpreisiger Güter und trotzdem preiswert

Analog zur Preisdifferenzierung wird in der Rabattpolitik zwischen mehreren Arten von Rabatten unterschieden:

- **Funktionsrabatte** werden in der Regel dem Handel gewährt, für die Übernahme der Handelsfunktionen oder zusätzlicher Funktionen (z.B. Aktionsrabatt).
- **Mengenrabatte** werden, wie der Name schon sagt, mit steigender Auftragsgröße gewährt.
- **Zeitrabatte** haben die Funktion, die Nachfrage zeitlich zu verlagern oder zu steuern (Saisonrabatt, Auslaufrabatt).
- **Treuerabatte** werden zur Kundenbindung eingesetzt.
- **Verbraucherrabatte** sind eine Sonderform des Treuerabattes auf der Verbraucherebene.

Die **Lieferbedingungen** legen den Umfang der Lieferverpflichtungen des Anbieters fest. Bei der Überbrückung der räumlichen Distanz zwischen Anbieter und Nachfrager muss sehr präzise festgelegt werden, zu welchem Zeitpunkt Rechte und Pflichten und somit die Gefahren und Kosten auf den Kunden übergehen. Als extreme Situationen sind die Konditionen „Ab Werk" und „Frci Haus" zu verstehen. Bei erstem muss der Käufer für den Transport und damit für die Kosten und das Risiko aufkommen, während im zweiten Fall der Verkäufer die Waren auf seine Kosten und auf sein Risiko bis vor die Haustür liefert. Zwischen diesen beiden Situationen gibt es eine Reihe von Variationen, die in den **Incoterms** festgelegt sind. Diese sind von der internationalen Handelskammer für den internationalen Warenverkehr festgelegt worden.

Die **Zahlungsbedingungen** beinhalten die wesentlichen Bestimmungen hinsichtlich des Zahlungszeitpunktes und der Zahlungsart. Dabei können Teilzahlungen und die Gesamtzahlung zu einem Zeitpunkt differenziert werden, bzw. die unterschiedlichen Zahlungsmittel (Bar, Scheck, Kreditkarte, Überweisung etc.).

5.5.4 Absatzkreditpolitik

In vielen Branchen wird die **Finanzierung** der angebotenen Leistung durch den Anbieter immer wichtiger. So werden etwa Autos immer häufiger durch die eigenen Banken und Finanzinstitute der Automobilhersteller finanziert. Auch bei internationalen Großprojekten in Entwicklungs- und Schwellenländern müssen die Anbieter nicht nur die Warenerstellung, sondern auch die Finanzierung sicherstellen.

Die Absatzkreditpolitik umfasst sämtliche Maßnahmen eines Unternehmens, potenzielle Kunden mittels der **Gewährung bzw. Vermittlung von Krediten** oder sonstigen Finanzierungsinstrumenten zum Kauf zu veranlassen. (Meffert 2000). Die beiden bekanntesten Instrumente sind der Lieferantenkredit und das Leasing.

Beim **Lieferantenkredit** räumt der Lieferant dem Käufer ein **Zahlungsziel** ein. Insbesondere im Handel ist diese Finanzierungsform sehr beliebt, da dieser die Zeit zwischen Warenlieferung und Zahlung nutzen kann, um die Waren zu verkaufen und erst dann die Rechnung aus den Verkaufserlösen zu bezahlen.

Das **Leasing** wird genutzt, um teurere Anlagegüter abzusetzen. Dabei wird das Verhältnis von Ansparungs- und Nutzungsphase verändert. Üblicherweise muss für den Kauf eines teuren Gutes über mehrere Perioden gespart werden, bevor man das Gut nutzen kann. Beim Leasing entfällt die Ansparphase und die **Zahlungs- und Nutzungsphase verlaufen parallel**. Dabei geht das Eigentum an der Anlage erst schrittweise auf den Käufer über.

Schlüsselwörter

Preis-Absatz-Funktion (PAF), Preisinteresse, -günstigkeit und -würdigkeit, Penetrations- und Skimmingstrategie, Preisdifferenzierung, Rabatte, Lieferantenkredit, Leasing

Aufgaben zur Lernkontrolle

- Was muss bei der Bestimmung des optimalen Preises beachtet werden?
- Unterscheiden Sie die Skimming- und die Penetrationsstrategie bei der Einführung eines neuen Produktes?
- Beschreiben Sie die verschiedenen Arten der Preisdifferenzierung am Beispiel der Preisgestaltung der Deutschen Bahn.

Literatur zur Vertiefung

- Meffert, H. (2000): Marketing, 9. Auflage, Gabler, Wiesbaden
- Diller, H. (2007): Preispolitik, 4. Auflage, Kohlhammer, Stuttgart
- Nieschlag, R.; Dichtl, E.; Hörschgen, H. (2002): Marketing, 19. Auflage, Duncker & Humblot, Berlin
- Scharf, A. ; Schubert B. (2012): Marketing, 5. Auflage, Schäffer-Poeschel, Stuttgart
- Simon, H. (2009): Preismanagement, 3. Auflage, Gabler, Wiesbaden

6. Marketingcontrolling

Komplexe Unternehmensentscheidungen machen den Einsatz leistungsfähiger Führungskonzeptionen notwendig, die die Unternehmensleitung wirksam unterstützen. Das Controlling stellt eine solche **Führungskonzeption** dar. Entsprechend lässt sich Marketingcontrolling als Versuch interpretieren, dem Marketing eine **messbare Komponente** zu verleihen und insofern eine „Führung vom Ergebnis her" zu ermöglichen. Das Marketingcontrolling soll die **Effektivität und Effizienz einer marktorientierten Unternehmensführung sicherstellen.** Dies bedeutet, dass Marketingentscheidungen auf Grundlage der gesammelten und ausgewerteten Daten getroffen werden sollen (vgl. Meffert 2000).

Das Controllingkonzept hat in den letzten Jahrzehnten eine sehr starke Verbreitung gefunden. Im Zusammenhang mit dem zunehmenden Bedeutungsgewinn dieses Führungskonzepts hat auch eine enorme **Aufgabenausweitung** stattgefunden. Marketingcontrolling ist somit längst nicht mehr als reine Kontrolltätigkeit zu verstehen, bei der es nur darum geht, einen Vergleich zwischen den gesetzten Zielen und den erreichten Ergebnissen (SOLL-IST-Vergleich) zu ermitteln. Vielmehr hat sich das Marketingcontrolling längst zu einer **zukunfts- und aktionsorientierten Tätigkeit** entwickelt.

6.1 Aufgaben des Marketingcontrolling

Die folgenden Aufgabenbereiche stehen im Mittelpunkt des Marketingcontrolling. Sie verdeutlichen den gerade skizzierten Bedeutungsgewinn des Controllingansatzes als Führungskonzept. Gleichzeitig kommt in den zentralen Aufgabengebieten zum Ausdruck, dass das Marketingcontrolling derzeit insbesondere von informations-, versorgungs- und koordinationsorientierten Controllingansätzen beeinflusst wird (vgl. Schwarz 2005). Ingesamt sind vor allem die folgenden Aufgaben des Marketingcontrolling von Bedeutung (vgl. Meffert 2000):

- **Informationsversorgungsfunktion:** Das Marketingcontrolling hat die Aufgabe, die Unternehmensführung mit allen planungs-, entscheidungs- und kontrollrelevanten Informationen zu versorgen. Im Mittelpunkt stehen dabei sowohl **Ergebnisse und Entwicklungen des eigenen Unternehmens** (z.B. Kostenstruktur, Deckungsbeiträge) bzw. der relevanten Unternehmenseinheiten (strategische Geschäftseinheiten) als auch Veränderungen und Entwicklungen der **Unternehmensumwelt**. Zur Gewinnung und Aufbereitung der erforderlichen Informationen greift das Controlling dabei auf die **Marktforschung** zurück.

- **Überwachungsfunktion:** Hier steht die **Ergebniskontrolle** im Sinn eines **SOLL-IST-Vergleichs** im Mittelpunkt. Es ist die Aufgabe des Marketingcontrolling, den Grad der Zielerreichung festzustellen. Zudem gilt es, im Sinn einer **Ursachenanalyse** auch die Gründe zu identifizieren und zu untersuchen, die zur Erfüllung bzw. Nicht-Erfüllung bestimmter Zielvorgaben geführt haben. Neben der Ergebniskontrolle (Erfolgs- und Effizienzkontrolle) umfasst das Marketingcontrolling also auch die Ausführungskontrolle (Kontrolle der gewählten Vorgehensweise).

- **Strategische und operative Planung:** Die durch das Controlling gesammelten und ausgewerteten Daten dienen als Informationsgrundlage der strategischen Planung. Um die Planung gewährleisten zu können, reicht es nicht aus, eine bloße Datensammlung zur Verfügung zu stellen. Vielmehr ist eine **sinnvolle Datenauswertung und -aufbereitung** erforderlich. Weiterhin kann es auch Aufgabe des Marketingcontrolling sein, auf Grundlage der Vergangenheitsdaten wichtige **Entscheidungsalternativen aufzuzeigen** und diese kritisch zu bewerten. Hierbei kommt es vor allem darauf an, die Durchsetzbarkeit sowie das finanzielle Risiko der einzelnen Alternativen zu kalkulieren und zu berücksichtigen. Die planenden Aufgaben des Marketingcontrolling richten sich sowohl auf die Strategieentwicklung als auch auf die Gestaltung der operativen Aufgaben des Marketing-Mix.

- **Koordinationsaufgabe:** In den Aufgabenbereich der Koordinationstätigkeit fällt die **Beratung und Unterstützung** bei umfassenden Projekten und das Controlling spezifischer Marketing- und Verkaufsprojekte sowie das Controlling von Marketingkooperationen mit anderen Unternehmen. Dieser Aufgabenbereich des Marketingcontrolling hat insbesondere aufgrund der zunehmenden **Dezentralisierung der Unternehmens- und Marketingorganisation** in den letzten Jahren zunehmend an Bedeutung gewonnen.

Ausgehend von den Aufgabenbereichen des Marketingcontrolling können die wichtigsten Instrumente zur Durchsetzung des Marketingcontrolling dargestellt werden.

6.2 Instrumente des Marketingcontrolling

Die gerade skizzierten Controlling-Aufgaben können mit Hilfe verschiedener Instrumente ausgeführt werden. Die Vielzahl unterschiedlicher **Controllinginstrumente** lässt sich dahingehend strukturieren, ob sie im Rahmen des strategischen Marketingcontrolling oder des operativen Marketingcontrolling zum Einsatz kommen (vgl. Link; Gert; Voßbeck 2000).

➤ **Strategisches Marketingcontrolling**
Innerhalb dieses Aufgabengebietes geht es darum, die strategische Unternehmensplanung um Elemente der **Steuerung, Kontrolle und Frühaufklärung** zu ergänzen. Dies kann mit Hilfe der folgenden Instrumente und Methoden erfolgen (vgl. Link; Gert; Voßbeck 2000):

Instrumente des strategischen Marketingcontrolling	
Früherkennungssysteme	Benchmarking
Szenariotechnik	Erfahrungskurvenanalyse
Delphi-Methode	Lebenszyklusanalyse
Gap-Analyse	Balanced Scorecard
Stärken-Schwächen-Analyse	Investitionsrechnung
Branchenstrukturanalyse	Prozesskostenrechnung
Portfolioanalyse	Target Costing
Positionierungsanalyse	

Abbildung 75: Instrumente des stratgischen Marketingcontrolling

➤ **Operatives Marketingcontrolling**
Auch im Rahmen des operativen Marketing hat das Marketingcontrolling eine Planungs-, Steuerungs- und Kontrollfunktion zu erfüllen. Im Kern geht es dabei um die Vorbereitung sowie die **Kontrolle des Einsatzes der einzelnen Marketinginstrumente**. Dabei können sich die einzelnen Controlling-

instrumente sowohl auf den gesamten Marketing-Mix als auch auf einzelne Instrumente oder Subinstrumente beziehen (vgl. Meffert 2000).

Analog zum Bereich des strategischen Controlling sollen auch für das operative Marketingcontrolling besonders wichtige Instrumente beispielhaft genannt werden (vgl. Link; Gert; Voßbeck 2000):

Instrumente des operativen Marketingcontrolling	
Prognosemodelle	Erwartungswertbildung
Abweichungsanalyse	Kurzfristige Optimierungsansätze und Programmpolitik
Marketing-Einzelkostenrechnung	Kurzfristige Optimierungsansätze Kommunikationspolitik
Marketing-Gemeinkostenrechnung	Kurzfristige Vertriebsoptimierungsansätze
Break Even-Analyse	Kurzfristige Preisoptimierungsansätze
Deckungsbeitragsanalyse	

Abbildung 76: Instrumente des operativen Marketingcontrolling

Exemplarisch werden im Folgenden einige Verfahren kurz vorgestellt, um so die Grundidee und das Vorgehen des operativen Marketingcontrolling zu verdeutlichen.

- Die **Deckungsbeitragsanalyse** stellt ein Analyseinstrument der operativen Produkt- und Programmpolitik dar. Der Deckungsbeitrag eines Produktes oder eines Produktbereichs stellt die relevante Informationsgrundlage für die Erfolgsstruktur eines Programms dar. Auf der Ebene einzelner Produkte ergibt sich der Deckungsbeitrag als **Differenz zwischen dem Produktumsatz** (Preis x Absatzmenge) **und den Kosten**, die dem Produkt direkt zugerechnet werden können. Inhaltlich lässt sich der Deckungsbeitrag damit als Teil des Umsatzes interpretieren, der nach Abzug der direkt zurechenbaren Kosten zur Deckung der Gemeinkosten im Unternehmen sowie zur Gewinnerzielung übrig bleibt. Auf der Grundlage der Deckungsbeitragsrechnung ist es möglich, eine **Rangfolge der Produkte** eines Angebotsprogramms zu erstellen, um so mögliche Umstrukturierungs- oder Eliminationsentscheidungen treffen zu können (vgl. Meffert 2000).

- Speziell im Bereich der Werbung werden **Kontaktkennzahlen** zur Planung und Kontrolle eingesetzt. Es geht hier darum zu überprüfen, wie viele aktuelle oder potenzielle Kunden in Kontakt mit einem bestimmten Kommunikationsmittel (z.B. einer Anzeige oder einem TV-Spot) kommen können bzw. gekommen sind. Kontaktkennzahlen werden vor allem zur Mediaselektion eingesetzt. Sie stellen ein **Bewertungskriterium für die einzuschaltenden Medien** dar. Die einfachste Kontaktkennzahl stellt die **Auflage** eines Mediums (Werbeträgers) dar (z.B. Auflage einer Zeitschrift). Darüber hinaus kann auch berücksichtigt werden, wie oft eine Person mit einem Medium in Kontakt kommt oder wie gut die Leserschaft einer bestimmten Zeitschrift die eigene Zielgruppe repräsentiert (vgl. Bruhn 1997).

- **Mystery Calling** ist ein Verfahren, mit dem die Qualität von Service- und Beratungsleistungen unauffällig gemessen werden kann. Testkunden haben hierbei die Aufgabe, anhand von **realitätsnahen Testanrufen** (z.B. Service-Hotlines oder Beratungsgespräche) Alltagssituationen nachzustellen. Aus dem erlebten Beratungsfall können somit Rückschlüsse auf Mängel im Gesamtprozess gezogen werden. Im Fokus der Analyse stehen z.B. die Dauer bis der Anruf entgegen genommen wird, die fachliche Kompetenz der telefonischen Beratung, die Kundenfreundlichkeit und das Verhalten und Engagement der Mitarbeiter im Umgang mit dem Fragesteller.

6.3 Erfolgsmessung in der Kommunikations- politik

Der Einsatz von Instrumenten der Kommunikationspolitik ist immer mit nicht unerheblichen finanziellen Aufwendungen verbunden. Unter Aspekten der **Wirtschaftlichkeit** ist es also zwingend erforderlich, den **Erfolg der Maßnahmen** hinsichtlich des Erreichens von Marketing- und Unternehmenszielen zu **messen**. Als besonders problematisch erweist sich dabei, dass eine **direkte Zuordnung** von Kommunikationsmaßnahmen zu den daraus resultierenden ökonomischen Erfolgsgrößen wie Umsatz oder Gewinn **nahezu unmöglich** ist bzw. wiederum nur mit enormem Aufwand zu bewerkstelligen ist. Zu viele andere Einflussgrößen, die letztendlich den Kauf eines

Produktes hervorrufen, treffen in der Realität zusammen und eine isolierte Betrachtung kann nicht erfolgen. Also wird zur Beurteilung von Kommunikationsaktivitäten der interessierende Erfolg „heruntergebrochen" auf besser den Aktivitäten zuordenbare Größen.

Grundsätzlich unterscheidet man hierzu Kommunikationswirkung und Kommunikationserfolgskontrolle. Die **Kommunikations- bzw. Werbewirkungsforschung** liefert das theoretische Grundgerüst für die anschließende Kontrolle (vgl. Rogge 2004, S.351 f). Dabei werden grundsätzlich die Prozesse und Zusammenhänge der Kommunikationswirkung betrachtet. Sehr bekannt ist hierbei das sogenannte **AIDA-Schema**, welches die Kommunikationswirkung in die vier Stufen **Aufmerksamkeit, Interesse, Verlangen und Aktion/Kauf** zerlegt, wie in der folgenden Abbildung dargestellt.

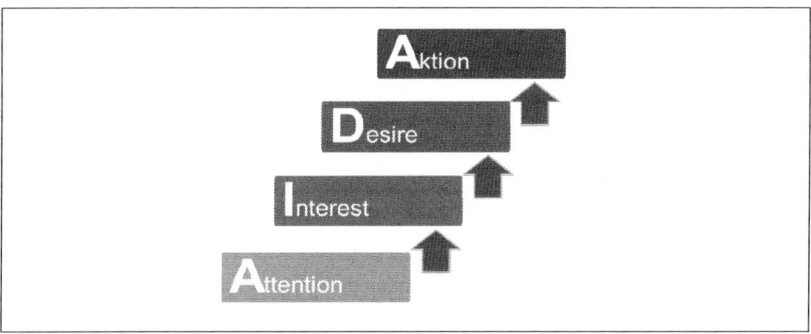

Abbildung 77: Werbewirkungsstufen AIDA

Betrachtet man die Wirkungsstufe **Interesse** genauer, so finden sich aktivierende und kognitive Prozesse und es ist ersichtlich, dass hier wiederum unterschiedliche Bewusstseinsebenen angesprochen werden (siehe folgende Abbildung).

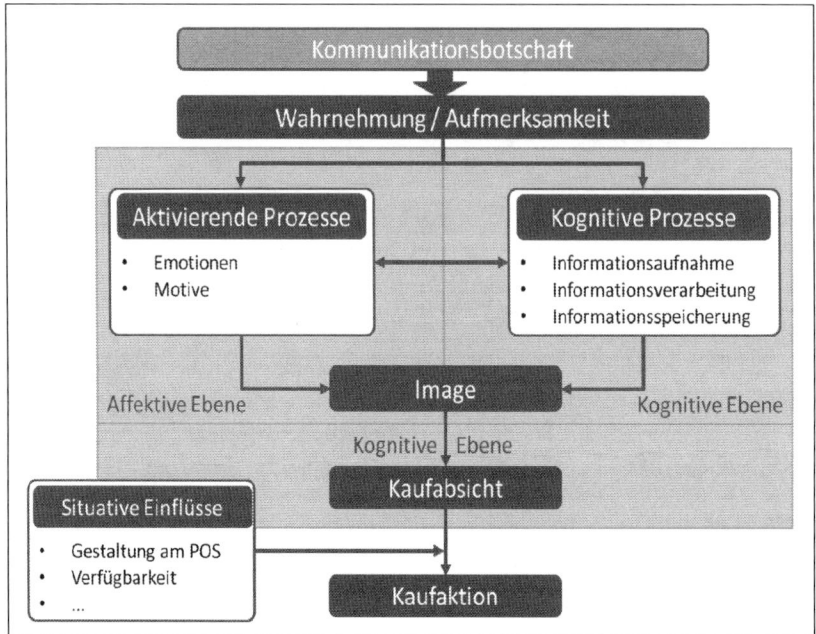

Abbildung 78: Teilprozesse der Kommunikationswirkung
(Kroeber-Riel u.a. 2003, S.50)

Die **Kommunikationserfolgskontrolle** hat zur Aufgabe, konkrete Kommunikationsmaßnahmen zu beurteilen. Dies kann nur anhand vorab definierter Zielgrößen und operationaler Messkriterien erfolgen (vgl. Rogge 2004, S.351 f.).

Entlang des Kommunikationsprozesses erfolgen **Wirksamkeitsmessungen** bezüglich der Wahrnehmung oder der Aufmerksamkeit und damit der **Aktivierungsleistung** der Kommunikationsmaßnahmen. **Instrumente** dazu sind beispielsweise:

- **Pupillometer:** Emotionale Veränderung durch Änderung der Pupillenfläche.
- **Psychogalvanometer:** Messung der psychischen Erregung über den Hautwiderstand.
- **Pulsfrequenz:** Messung der Pulsfrequenz als Maßstab für die Aktivierung.

Einflussfaktoren der Kommunikationswirkung sind die Qualitäten und Eigenschaften der Zielgruppe, der konkreten Maßnahme, der Kommunikationsmittel, des Kommunikationsträgers und der Situation (vgl. Meffert 2008, S.207 f.).

Eine **inhaltliche Prüfung** der Kommunikationswirkung erfolgt abhängig von den jeweiligen Werbemitteln durch unterschiedliche Techniken und sollte folgende **Kriterien** umfassen (vgl. Rogge 2004, S.357 ff.):

- **Aufmerksamkeit**, z.B. Anzahl der Nutzer, die das Werbemittel bemerken und Zuwendungsdauer zum Werbemittel
- **Wahrnehmung**, z.B. Dauer der Aufmerksamkeitszuwendung, Verlauf der Registrierung einzelner Elemente des Werbemittels
- **Erinnerung**, z.B. der einzelnen Gestaltungselemente, des Produktnamens, der Produkteigenschaften
- **Assoziationsspektrum**, z.B. spontane Assoziationen zum Werbemittelkontakt, Falschzuordnung von Produkt oder Namen
- **Anmutungs- und Stimmungsgehalt**, z.B. spontane Gefühle beim Werbemittelkontakt, Stimmungsharmonie einzelner Gestaltungselemente
- **Verständlichkeit der Botschaft**, z.B. erlebte Eigenschaften der angebotenen Leistung, Glaubhaftigkeit und Überzeugungskraft der Aussagen
- **Text- und Bild-Beurteilung**, z.B. Klarheit und Einprägsamkeit des Textes, Informationsgehalt des Textes, Aussagewert der Bildteile
- **Akzeptanz und Identifikation**, z.B. Beschreibung von Personen und dargestellten Situationen, Glaubhaftigkeit der dargestellten Situationen
- **Kaufbereitschaft**, z.B. Einfluss des Werbemittelkontakts auf Absicht zum Erwerb der Leistung
- **Attraktivität der Gesamtwirkung**, z.B. Beurteilung des Werbemittels in der Gesamtheit, mögliche Störfaktoren

Zur Kontrolle des Erfolgs von Kommunikationsmaßnahmen ist die **konkrete Zielformulierung** unabdingbar. Die Ziele und die Kostensituation beeinflussen die Wahl der Kommunikationsmaßnahmen, welche wiederum eine Wirkung beim Empfänger erzielen. Die erreichte Wirkung kann nun in **ökonomischem und außerökonomischem Erfolg** gemessen werden, wobei außerökonomische Erfolgsgrößen (Kontakt, Aufmerksamkeit usw.) ihrerseits die ökonomische Erfolgsgröße Kauf bzw. Umsatz mitbestimmen. Zu beachten ist dabei, dass auch andere Einflussgrößen diesen ökonomischen Erfolg ebenso beeinflussen. Dieses System der **Kommunikationserfolgskontrolle** stellt die folgende Abbildung dar.

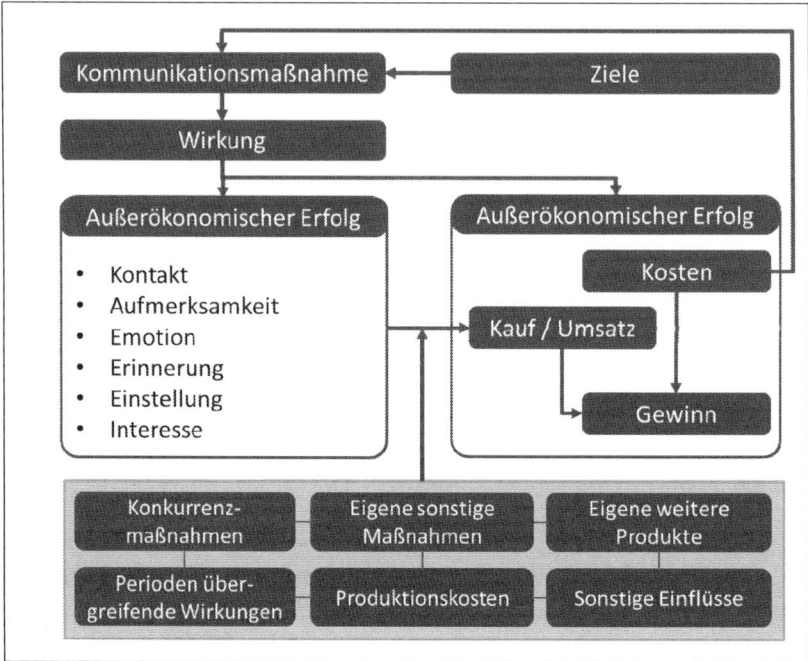

Abbildung 79: System der Kommunikationserfolgskontrolle

Eine erweiterte Sichtweise stellt der Ansatz der **integrierten Erfolgsmessung** in der Kommunikationspolitik dar. Dabei geht es um den Beitrag der Kommunikationspolitik zur Erreichung der Marketingziele und zur Erreichung der Marketing Assets. Berücksichtigt wird dabei, dass Kommunikationspolitik nicht nur den Kunden als Zielgruppe hat, sondern auch die übrigen **Stakeholder** angesprochen werden sollen (vgl. Meffert 2008, S.718).

Der **kommunikationspolitische Planungsprozess** gliedert sich in **Inputfaktoren**, bestehend aus Marktattraktivität, operativer Umsetzung, strategischen Entscheidungen, Investitionen sowie Ressourcen und Kompetenzen und **Outputvariablen**, welche sich in marktliche, gesellschaftliche und ökologische Vermögenswerte gliedern lassen und gemeinsam den Unternehmenswert bestimmen. Durch die Inputfaktoren werden die Beziehungen zu den Nachfragern und den sonstigen Stakeholdern gestaltet und beeinflusst. Die

Kundenbeziehungen sind maßgeblich für den marktlichen Vermögenswert des Unternehmens bestimmend und die Stakeholderbeziehungen wirken auf die gesellschaftlichen und ökologischen Vermögenswerte. Diese Zusammenhänge verdeutlicht die folgende Abbildung.

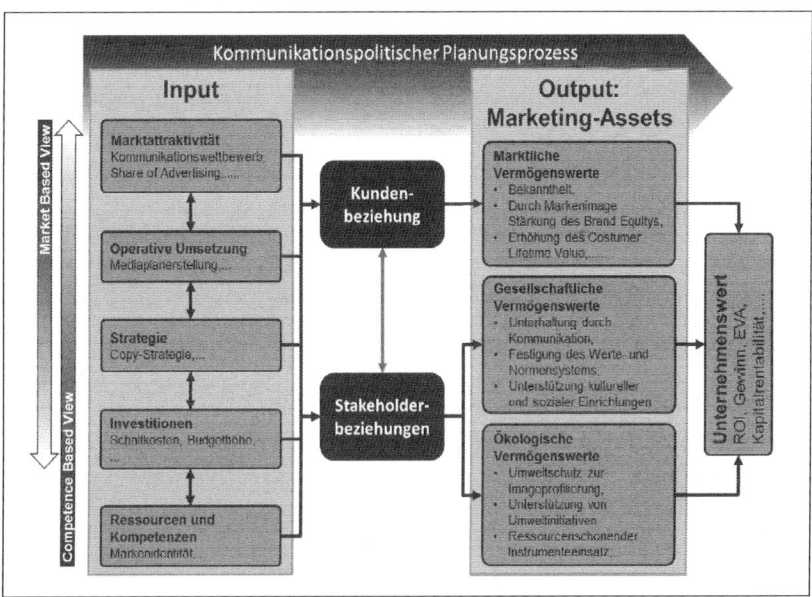

Abbildung 80: Integrierte Erfolgsmessung in der Kommunikationspolitik (Meffert 2008, S.719)

Die Analyse der Inputfaktoren lässt sich aus zwei Richtungen betrachten. Vom Markt aus gesehen, **Market Based View** (MBV), soll die Attraktivität für die Zielgruppen verbessert werden. Es werden Maßnahmen abgeleitet und ein strategisches Konzept ist erforderlich. Daraus sind Investitionen und Budgets festzulegen. Eine zweite Sichtweise geht von den eigenen Ressourcen und Kompetenzen aus, **Competence Based View** (CBV), und hat ihren Ursprung in den internen Ressourcen und Kompetenzen, die durch Investitionen gestärkt die strategischen Entscheidungen bestimmen. Aus den formulierten Strategien leiten sich die operativen Maßnahmen ab, mit dem Ziel, am Markt Vorteile zu generieren.

Tiefer soll hier nicht in das Thema Controlling eingestiegen werden, um den Umfang dieses Buches in einem vertretbaren Rahmen zu halten. Analog zu den bisherigen Kapiteln finden interessierte Leser auf der folgenden Seite Literaturhinweise zur Vertiefung der Inhalte.

Insgesamt wurde der anfangs vorgestellte Marketingprozess nun in seiner Gänze beschrieben. Mithilfe von Marktforschungsmethoden wird die aktuelle Marktsituation erhoben. Strategische Analyse- und Planungstools bündeln die gewonnenen Informationen und unterstützen die Formulierung von langfristig ausgerichteten Strategien. Aus den Strategien werden im nächsten Schritt operative Ziele bzw. Maßnahmen abgeleitet. Diese bezeichnet man auch als Marketing-Mix. Abschließend sollte im Idealfall die gerade beschriebene Erfolgskontrolle durchgeführt werden, um die Maßnahmen hinsichtlich ihrer Effektivität und Effizienz zu überprüfen.

Schlüsselwörter

Strategisches und operatives Marketingcontrolling, AIDA, integrierte Erfolgsmessung, Market Based View, Competence Based View

Aufgaben zur Lernkontrolle

- Skizzieren Sie kurz die wichtigsten Aufgaben und Funktionen des Marketingcontrolling.
- Beschreiben Sie die Teilprozesse der Kommunikationswirkung.
- Welche Kriterien zur inhaltlichen Prüfung der Kommunikationswirkung sollten herangezogen werden?
- Beschreiben Sie das Konzept der integrierten Erfolgsmessung in der Kommunikationspolitik.

Literatur zur Vertiefung

- Becker, J. (2009): Marketing-Konzeption, 9. Auflage, Vahlen, München
- Ehrmann, H. (2004): Marketing-Controlling, 4. Auflage, Kiehl, Ludwigshafen
- Link, J.; Gerth, N.; Voßbeck, E. (2000): Marketing-Controlling, Vahlen, München
- Meffert, H. (2000): Marketing, 9. Auflage, Gabler, Wiesbaden
- Rogge, H.-J. (2004): Werbung, 6. Auflage, Kiehl, Ludwigshafen
- Schwarz, A. (2005): Marketing-Controlling, AV Akademikerverlag, Berlin
- Zerres, C.; Zerres, P. (2006): Handbuch Marketing-Controlling, 3. Auflage, Springer, Berlin, Heidelberg, New York

Register